少女杜拉

一例歇斯底里症的精神分析片段

Bruchstück einer Hysterie-Analyse

SIGMUND FREUD

〔奥〕西格蒙德·弗洛伊德 著

徐胤 译

浙江文艺出版社
Zhejiang Literature & Art Publishing House

果麦文化 出品

梦源自人的欲望幻想

目录

前言　　　　1

病情回顾　　13

第一个梦　　91

第二个梦　　141

后记　　　　174

前言

在 1895 年和 1896 年，我曾对歇斯底里症发病机理和心理过程提出了自己的见解。[1]

时隔多年，如今我试图以详述一个病例及其治疗过程的方式，对以往观点加以佐证，那么本篇前言就必不可少了。它一来可在各个方面为我的行为进行辩护，二来也算是提前对可预见的质疑之声作出回应。

当初我将研究成果公诸于众，因为语出惊人，且并不中听，故而未能得到学界同仁的验证，这未免有些令人难堪。现在，我将支撑论断的部分资料开放给大众评判，又何尝不是一件尴尬之事？无论如何，我都必遭非

---

[1]《歇斯底里症研究》，布洛伊尔与弗洛伊德合著，1895 年。《歇斯底里症的病因》，弗洛伊德著，1896 年。——随书注释均为译者注

议。从前有人指责我不公开病案，现在又会有人说我公开了不宜公开的病案。我只希望搬弄是非、借机找茬的是同一批人，也根本就不打算同他们争辩。

但即便我决心对见识浅薄、心怀恶意之辈不予理睬，公开病历资料仍是十分棘手。困难一方面来自操作层面，一方面也是由此事的本质决定的。

既然我们推测歇斯底里症的病灶位于患者性心理的隐秘之中，认为歇斯底里的症状是被压抑得最深的愿望的表达，那么，要彻查一个歇斯底里症病例，就必须揭露这些隐秘，将它们暴露在外。

显然，病人如果发现自白可能被用于科学研究，就必然不会开口；同理，我们也不能指望他们同意公开病案。那些心思缜密、有所犹豫的病人也一定会提及医生为病人保守秘密的义务，并就无法为科学研究提供帮助道声抱歉。

但我认为，医生不应只对单个患者负责，也该承担起对科学的责任。对科学负责，就是对更多有同类病症的患者或潜在患者负责。公开自己对歇斯底里症病因和结构的一些认识，我责无旁贷。为了保护一个患者而放弃其他患者，才是该被指责的懦夫行为。而我相信自己已经竭尽全力，使我的这位患者尽量免受伤害。

书中的这位患者，她的故事发生在维也纳之外某个偏僻的小城里，这地点在维也纳几乎无人知晓。而我从最开始便小心对治疗保密，以至于仅有一位完全值得信赖的同行知道她曾是我的病人。治疗结束后，我又等了四年才发表此文。这时她的生活已经发生了变化，使我相信她已不大在乎我要在此讲述的事情和心理过程了。

当然，我绝不会在文中使用她的真名，以免那些业余读者有迹可循。另外，将案例发表在严谨的学术期刊上，也是为了避免引起外行的注意。假如这位患者偶然读到自己的病案，或许会感到不悦，这是我无法左右的。

不过她也不会从中看出更多的信息，或许只会自问：又有谁能看得出这就是我呢？

我知道，有许多下流龌龊的医生，不把这样的病案视作探讨神经症病理的论文，反倒把它当成一部影射真人的小说来读，用以消遣——至少在这座城市的确有人如此。我可以向这类读者保证，在所有之后公开的病案中，我都会采取相应手段对患者身份严格保密。虽然这极大程度地限制了我对材料的选择。

在接下来要介绍的病案里，我除了将医生的保密义务和诸多其他限制因素抛在一旁，还会直截了当地谈论性关系，并对性器官和性功能直言不讳。从本书的表述中，纯洁的读者不难发现：我会毫不隐晦地与青年女子谈论这类话题。

难道我还需要为自己辩护吗？假如还有人认为这样的对话只是挑逗对方或是满足性欲的手段，那我不妨借用一下妇产科医生的权力，或是换一种更为谦逊的方式，

将他们视作奇怪的变态色情狂。说到这里,我不禁想引用一段别人的见解,来表达我的感受:

将学术著作的篇幅浪费在应对这类无端指责之上,本身就可悲至极。但这不能怨我,而只能怪罪我们这个时代的精神。正是在它的影响下,我们才'有幸'陷入了严肃书籍无处容身的境地。[1]

接下来,我想再谈谈如何克服操作方面的困难。

对于一个每天要完成六到八场心理治疗、又不能在面对患者时做笔记的医生而言,如何将长期病案记录下来并发表,向来是无解的难题。因为笔记会引起患者的怀疑,从而影响收集病情的工作。

对我而言,在这个案例中,有两件事帮了我大忙:首先,整个治疗过程持续得不久,并未超过三个月;其次,随着治疗中期和后期两个梦的出现,病因日趋明朗,

---

1 理查德·施密特(Richard Schmidt),《印度性经》前言,1902年。

而那两次谈话结束后,我将患者的话原封不动地记录了下来,为接下来的解析和溯源保留了可靠的依据。

病案是我在治疗中止后根据记忆完整写成的。那时这段记忆还历历在目,而我又正好有意将它发表。所以,最后写成的文字虽然不像录音那样忠实,但依然非常可靠。它与事实并无重大出入,只不过在有些地方,我出于叙述连贯的需要,调整了澄清病情的顺序。

接下来,我要介绍一下本书的主要内容和缺失的部分。

这篇报告原本名为《梦与歇斯底里症》,因为它很好地展现了梦的解析如何用于治疗,以及如何帮助我们填补记忆空白,达到诠释病症的目的。在计划就神经症心理学著书立说之前,我在 1900 年对梦进行了艰苦而深入的研究[1];这样做,其实不无道理。反倒是人们对

---

1 指《梦的解析》,1900 年出版。

这本书的反应，使我意识到同行专家对这类努力的认识实在太过浅薄。有人说，因为缺少素材，我的观点很难被验证，所以就不容易服众。这说法并非无懈可击，因为每个人都可以把自己的梦作为分析材料，通过我的指导和示范，很容易地掌握释梦的技法。即便是在多年以后，我依然坚持认为，对梦的深入研究是理解歇斯底里症和其他心理神经症过程不可或缺的前提条件；忽略了这个准备步骤，任何人都无法在这些问题上取得些许进步。

了解梦的解析是阅读本例的前提；不满足此条件的人，恐怕只会在不满中放弃阅读。这样的人不但从书中得不到启发，反而会越读越困惑，还会把困惑的原因归咎到我身上，认为是我在胡思乱想。

实际上，困惑正是神经症的表现，只不过医生已经习惯于忽略它的存在；一旦我们试图去解释这些现象，它又会显露出来。根除它的办法只有一个：从我们熟悉的因素中,彻底筛查神经症的原因。更常见的情况是,在研究神经症的过程中,我们不断作出新的假设,并逐渐发现它们的正确性。然而,新的认识也难免会造成困惑,引起反抗。

梦和对梦的解析在该病例中占据重要地位,但如果认为所有精神分析研究都是如此,那就大错特错了。

在分析梦境方面,书中这个病例的确可圈可点,但它在其他方面并不能使人如意。不过恰恰是这些不足,使它得以顺利出版。我曾说过,如果一场治疗持续一年有余,那真不知该如何下手。这个案例只持续了三个月,所以看上去一目了然,也可以让人回忆起细节。从许多方面看来,最后的结果尚不够完整。治疗还未实现预期目的,就在患者的坚持下戛然而止。治疗中断时,我们尚未就一些谜题展开讨论,对另一些难题的讨论也并不完整;假如当时治疗能够继续下去,绝对会取得全面的成功。但现在,我只能提供这次分析的一些片段。

熟悉《歇斯底里症研究》一书中所介绍的分析技法的读者,肯定会感到惊讶:在三个月的治疗期间,我们竟然鲜有收获,甚至没能将已经观察到的症状研究清楚。但自该书出版后,精神分析技法发生了彻底的变革,所以这种现象其实不难理解。从前,我们的工作从症状入手,将逐一消除症状作为目标。后来,因为我发现这种技法无法分析结构精巧的神经症,便果断将其放弃。现在,我让患者自己决定每天谈论的话题,转而从联系到潜意识的表面现象入手。这样一来,我只能取得零散的成果,它们之间存在千丝万缕的联系,分布在不同的时空中;只有把它们结合在一起,才能达到消除症状的目的。这种新技法尽管缺点明显,却远胜旧技法,而且毫无疑问是唯一有效的方法。

由于分析并不完整,我不得不效仿考古学家,通过长期的发掘工作,让无价之宝重见天日,即便古董难免残损,也为之兴奋不已。我会根据自己对这类病症的了解,尽力将残缺的部分补充完整。但正如行事严谨的考古学家,但凡论述涉及设想而非事实,我都会及时说明。

书中其他的缺失,是我刻意追求的结果。一般来说,我不会描述涉及患者思想和言语的解析过程,只公布最后的结果。所以除了释梦的技法之外,我仅在少数几处地方提及了精神分析技法。我只打算通过分析这份病案,揭示症状的决定因素和神经症的内在形成过程;假如一心多用,反倒会引发混乱。解释那些多属经验之谈的技术规则,往往需要将众多的案例结合在一起。所以,本书在技法问题上有所省略,应当能得到读者的谅解。而且,这个例子并不涉及分析工作中最为困难的那部分内容:在短暂的治疗过程中,"移情"因素并未出现。这一点,我们在文末还会谈及。

本书的另一重大缺失,并非患者和作者的过错。显然,即便一个病案内容完整,证据确凿,也不可能回答有关歇斯底里症的所有问题,不可能囊括所有类型的病征，涵盖精神症的完整内在结构，反映患者可能出现的一切心理和身体关系。显然，我们不应该对一个案例奢望太多。歇斯底里症的病源无一例外都是性心理因素；那些至今不愿相信这一点的人，恐怕也不会因一个病案改变看法。在亲身实践之前，他们最好不要妄下结论。

【1923年补注：本文所述的治疗过程于1899年12月31日中止，这篇报告在随后的两周内写成，但直到1905年才正式发表。二十多年过后，观点和表述肯定发生了变化，但我们没有必要对这个病例进行修订和扩充，让它"与时俱进"，变得与最新的认识相符。所以，我基本没有改变本文的内容，只是按照拙作两位杰出的英文译者——斯特雷奇夫妇（James Strachey, Alix Strachey）的意见，修改了他们认为草率和模糊的文字。至于我认为需要补充的内容，都被加在了补注之中，所以读者完全可以认为：如果我没有在补注中提出反对，就依然坚持当时的观点。

另外，我在本文前言中提到的医生保密义务，并不适用于我所公布的其他病案。其中三个病案的发表已经得到患者的明确同意；公开"小汉斯"的病案也得到了其父的授权；在另一个案例（"施雷伯"案例）中，分析的对象不是一个人，而是他写的书。而杜拉的秘密，一直被珍藏至今。

直到不久前，我听说这位多年杳无音信的女患者又因为别的原因重新患病，并向她的医生透露，自己在少女时期曾接受过我的分析。那位精通业务的同行，很快猜到她就是当年的杜拉。当时短短三个月的治疗，仅是暂时消除了她内心的冲突，却没能帮助她抵御日后疾病的侵袭。没有哪位公正的评判者，会因为这一点指责精神分析治疗。】

病情回顾

我在1900年出版的《梦的解析》一书，证明了梦通常可被解析；在完整的解析过程之后，我们将看到梦境背后结构缜密、与已知心理状况相关联的思想。接下来，我将通过一个案例，演示释梦技法的实际运用。在《梦的解析》中，我介绍了自己对梦产生兴趣的经过。当时，我正试图用一种特殊的方法对心理神经症进行治疗。患者除讲述其精神生活中的其他变故之外，还会提起他们做过的梦；而且，这些梦似乎隐约可以解释痛苦症状和致病因素之间的关联。正是那时候，我学会了把梦的语言翻译成浅显易懂的思维语言。我敢断言，这是一个精神分析师必备的技能。我们知道，有些心理素材因其内容引发抵触情绪，被隔绝在了意识之外，乃至遭到压抑,从而成为致病因素。而梦则为它们提供了绕开压抑作用、返回意识之中的捷径。可以说,梦是心理的一大间接表达手段。以下这一歇斯底里症分析片段,出自对一个女孩的治疗过程。它可以为我们揭示梦的解析在分析工作中有何用途;同时,它也第一次给了我足够的空间,让我有机会以不会造成误解的方式,公开我对歇斯底里症心理过程和组织条件的部分看法。唯有潜心钻研,而不是傲慢自大,才能应对歇斯底里症向医生和研究者提出的挑战。自从人们就这一点达成共识后,我或许也无须再为从前的语焉不详道歉。当然:

不能光靠艺术和科学,

耐心也一样必不可少。[1]

展示一份完美无缺的病案,就意味着给予读者一个与医学观察者不同的视角。患者家属【即本案中这个

---

1 出自歌德的《浮士德》。

18 岁女孩的父亲】的叙述，只能让我们对病症的发展有一个模糊的印象。治疗开始后，我虽要求患者讲述她的生活和患病过程，但我所听到的内容，依然不足以让我找到头绪。最初的叙述就像礁石密布，或泥沙淤积的河流，任何船只都无法通行其间。有些学者的歇斯底里症病案竟能做到情节连贯、内容细致，着实令我诧异不已。而实际上，患者没有能力作出这样的自述。

当然，仅就某个生活时期而言，他们或许可以向医生提供充足、连贯的信息；但接下来的这一阶段，他们的叙述可能变得含糊不清，以至于留下空白和谜题；对于另一些彻底混沌的时期，他们甚至给不出任何有用的信息。且不论因果关系是否真实，它们往往显得十分散乱；不同的事件是否接连发生，其实难以肯定。在叙述过程中，患者反复更正此前的说法或日期，犹豫再三后，又重新回到原点。

一旦生活经历与病情发生联系，患者就无法有序地叙述此事——这不仅是神经症的典型特征,也具有重要的理论意义。【有一次,一位同行介绍他妹妹到我这里接受心理治疗。据称,患者身患歇斯底里症多年(主要表现为疼痛和行走障碍),久治不愈。从这一简短的信息来看,诊断似乎颇为合理。第一次和患者见面时,我请她自述病情。她的叙述虽然涉及一些怪异的现象,但却清晰连贯;所以我判断这不可能是歇斯底里症,并立即让她做了一次全面的身体检查。结果表明,她患有慢性脊髓痨。经朗教授(Prof. Lang)注射汞剂(汞样橄榄油)后,她的情况有了明显好转。】这一缺憾是由以下原因造成的:首先,患者由于尚未克服胆怯和羞耻情绪,想要在人前保守秘密,所以有意隐瞒了一些原本应该透露的内容。这可以说是意识造成的缺憾。其次,患者原本清楚知晓自己的既往史,但部分记忆却在叙述时消失了,这并非他们有意而为,所以可以说是潜意识所造成的缺憾。再次,真正的失忆和记忆空白也并不罕见,而且不仅旧的记忆会被遗忘，新近的记忆也难以幸免；甚至为了填补这些记忆空白，人们还会自欺欺人地编造出一些记忆。【失忆和编造记忆呈互补关系。当存在大片记忆空白时，人们往往会编造小段记忆去填补。后者的存在，使得失忆不至于被人一眼看穿。】即便这些事件都在记忆中被保留了下来，失忆的目的也可以通过消除因果关系实现。最容易的做法，就是改变事件发生的时间顺序。时间顺序也是记忆财富中最脆弱、最早受到压抑的部分。在压抑的第一阶段，人们往往会产生许多记忆，并对它们表现出怀疑。一段时间后，这种怀疑就会被遗忘或被错误的回忆所取代。【经验表明，当叙述者对自己的说法表示怀疑时，我们应该忽视他的这一判断。如果他在两套说辞之间犹豫不决，那我们倾向于认为第一套说辞具有正确性，而把第二套说辞当作压抑作用的结果。】

这类与病案相关的记忆，是对疾病症状必要的理论补充。随着治疗的进行，患者会逐渐把他所遗忘或有意隐瞒的内容补充完整。编造的记忆慢慢现出原形，记忆的空白渐渐被抹平。直到治疗末期，人们才能看到一个连贯且能被人理解的完整病案。如果说治疗的实际目的是消除一切可能的症状，并用有意识的思想取而代之，那它应当还有一个理论目标，也就是弥补患者的记忆损伤。这两个目标其实是统一的，完成了一个目标，也就完成了另一个。通往两者的道路，其实是同一条。

精神分析所用素材的特性，决定了我们的病案不仅要关注患者的身体情况和疾病症状，还要对其人际和社会关系给予同等关注。其中，我们尤为关心患者的家庭关系。正如实际情况所表明的那样，除了可能的遗传因素，我们这样做还有别的原因。

这位18岁患者的家庭成员，除她本人外还有父母和一个比她年长一岁半的哥哥。父亲在家里一言九鼎，这不仅要感谢他的才智和性格特点，还取决于他的生活环境。这种环境，也为患者的童年史和病史大致圈定了框架。当我开始接手这个女孩的治疗工作时,她身为大工业家的父亲年龄约在 45—50 岁。他有着过人的精力和天赋,经济宽裕。女儿对他极为依恋,早熟的她,甚至时常指责父亲的一些行为和怪癖。

顺便说一下,女儿对父亲的依恋程度,随着父亲反复身患重疾增加。在她 6 岁那年,父亲感染了肺结核。此后,他们举家迁往南部一座气候宜人的小城。在那里,父亲的肺病很快有了好转。但为了保养身体,在此后的十年里,这家人依然主要在那座小城居住,以下我们简称它为 B 城。身体情况允许时,父亲会短暂外出,视察工厂。盛夏时分,他也会去高山上疗养。

女孩约莫 10 岁时,父亲视网膜脱落,不得不接受暗室治疗。这场大病,使他的视力终生受损。两年后,他又经历了一次最严重的疾病发作。病情起初并不明朗,后来甚至出现了麻痹现象和轻微的心理障碍。他见病情没有起色,就在一个朋友的劝说下,和他的医生来维也纳咨询我。稍后，我还将提及这位在整个病例中扮演重要角色的朋友。一开始，我在脊髓痨性麻痹症和扩散性脉管症之间犹豫不决。得知他曾在婚前感染某种花柳病后，我开始倾向于后者，并对他进行了有力的抗梅毒治疗。很快，他身上的障碍现象纷纷消退。或许正是因为有这一成功的先例，四年后，这位父亲把他那明显患有神经症的女儿介绍给我认识；再过两年，又让她到我这儿进行心理治疗。

这期间，我还认识了他在维也纳的姐姐。她比他年龄稍长，明显患有严重的心理神经症，但却没有典型的歇斯底里症状。这位女士婚姻不幸，最终死于原因不明的迅速消瘦。此外，我还见过他哥哥一面，那是位患有疑病神经症的单身汉。

那个在18岁成为患者的女孩，对父系亲属更有好感。自从患病以来，她就一直把上文提到的那个姑母作为自己的榜样。毫无疑问，无论是她过人的天赋，还是心智的早熟，都继承自父亲一方。我与她的母亲素未谋面。无论是父亲还是女孩本人，都把她形容成一个没有文化的笨女人；尤其是在丈夫因为患病与她疏远之后，她更是把全部精力都集中在了家务事上，俨然是患了"家庭主妇精神病"。她对孩子们的各种诉求不闻不问，整天就知道打扫卫生，保持房间、家具和器皿整洁，甚至都不允许别人使用它们。这种常见于普通家庭妇女的怪现象，往往表现为洁癖。但她们完全没有意识到疾病的存在，所以"强迫症"也就无从谈起了。这个女孩的母亲也不例外。这对母女多年不睦，女儿瞧不起母亲，时常挑她的毛病，也根本不服从她的管教。【虽然我并不赞成把遗传作为歇斯底里症的唯一病源，但鉴于我曾在早期发表的论文（《神经症的遗传和病因》，载《神经学杂志》，1896年）中明确反对这一点，此处有必要澄清：我无意低估或彻底否定遗传在歇斯底里症病源学中的作用。在这个案例中，患者的父亲、伯父和姑母都身患重疾；如果患者母亲的病态表现也有遗传因素，那各类遗传因素可以说正好凑到了一起。在我看来，在这个女孩的遗传因素（更好的说法是"体质因素"）中，还有另一个更为重要的因素。我曾说过，她的父亲在婚前感染过梅毒。在经我精神分析治疗的病人中，很大一部分人的父亲都曾患过脊髓痨或麻痹症。我的治疗方法具有创新性，所以往往应对的都是多年不愈的疑难杂症。根据埃尔伯（Erb）和福尼尔（Fournier）的理论，脊髓痨和麻痹症正是梅毒的后遗症；这一点，也可以在我那些患者的父亲身上得到证实。但在最近一次关于梅毒患者后代的研讨，即1900年8月2日至9日在巴黎召开的第十三届国际医学大会上，由芬格（Finnger）、塔诺夫斯基（Tarnowsky）和朱利安（Juliien）等人所作的研究报告中，并未提到上一代人患有梅毒可能使后代具有神经病体质。作为一名神经病理学家，我迫切希望人们承认这一点。】

比女孩年长一岁半的哥哥,曾是她幼年时竭力效仿的榜样。但在近年,这对兄妹日渐疏远。年轻的哥哥努力避免陷入家庭纷争,但必须表态的时候,就站在母亲那边。常见的性吸引让女儿支持父亲,儿子支持母亲。

我们的患者——之后我将使用假名"杜拉"——8岁时就表现出神经质症状。当时她患有慢性呼吸困难症,发作起来颇为可怕。这种情况第一次出现,是在去山上游玩之后,当时人们以为这是过度劳累所致。在接下来的半年里,通过休息和调养,她的情况有了好转。她的家庭医生毫不犹豫地将这一症状诊断为纯粹的神经性障碍,而把机体因素引发的呼吸困难排除在外。但他显然认为,神经性障碍可以和过度劳累同时作为病源因素。

【稍后,我们将谈到杜拉第一次发病的可能原因。】

这个小女孩也得过常见的儿童传染病,但并没有留下严重的后遗症。她曾(若有所指地)说,通常是哥哥先生病,病症较轻,而她后生病,病情较重。快12岁时，她患上了偏头痛和神经性咳嗽。两种症状起初同时出现，后来相互分离，各有各的发展。偏头痛越来越少见，到 16 岁时完全消失。神经性咳嗽往往由普通的感冒引起，持续较长时间。18 岁到我这儿接受治疗时，她正像往常一样咳得厉害。这种神经性咳嗽的发作周期并不固定，每次通常持续 3—5 周，最长的一次甚至持续数月。尤其是近几年，她甚至还会在症状发作的前半段彻底失声。对此，医生早有诊断：这又是一种神经症的表现。但包括水疗和局部电击疗法在内的各种常见手段，最终都无功而返。这个小女孩就在这种情况下长大，并有了自己独立的判断——她开始嘲笑各路医生的努力，并拒绝接受他们的帮助。而且，虽然她对家庭医生本身没有任何厌烦，但她其实一向不愿求医问药，父亲每次建议她咨询新医生，都会招致反抗；就连到我这儿来，也是她父亲多次威逼的结果。

我第一次见她是在她 16 岁那年的初夏，当时她咳嗽剧烈,声音嘶哑,于是我建议她接受心理治疗。但后来,那次持续良久的疾病主动消失了,所以我的建议也没有被采纳。第二年冬,那位她所喜爱的姑母去世后,她曾到维也纳,在姑父和堂姐妹家短住。这一次她病情严重,当时却被诊断为盲肠炎【参见后文对第二个梦的分析】。接下来的秋天,由于父亲的情况有所好转,他们一家终于搬离了疗养胜地 B 城,先是在父亲工厂所在地居住,不到一年后又搬到维也纳定居。

这时,杜拉已经出落成了一个聪慧可爱、讨人喜欢的姑娘,但父母却很是为她担心。情绪低落,性格改变已成为她的主要病征。无论是对自己还是家人,她都颇为不满。她在父亲面前态度生硬,与想让她参与家务的母亲更是无法相处。她避免与人交往,常抱怨自己身体疲惫,精神涣散。即便情况允许,她也只愿意参加为女士举办的讲座,或是自顾自地读书钻研。有天,一封在她桌上(或是书桌里)的信,把父母吓了一跳:她在信中表达了轻生的愿望，理由是她无法忍受现在的生活。

【正如前文所说，整个治疗过程以及我对这个病例因果过程的分析，都只是片段。所以在有些问题上，我无法下结论，或者说只能给出一些暗示和猜测。当我们在治疗过程中谈及这封信时，杜拉吃惊地问："他们是怎么找到这封信的？我把它锁柜子里了啊！"但既然她知道父母读过这封诀别信的草稿，那我只能推断，是她故意把信暴露在父母面前的。】她的父亲见多识广，猜到女孩其实并没有真动自杀的念头，但依然为此感到震惊。后来某天，父女俩因为小事争论了几句，杜拉第一次直接陷入昏迷【我相信，这次发作肯定还伴有抽搐和谵妄症状。但由于我们的分析还尚未涉及这起昏迷事件，所以我没有掌握确定的证据。】，醒来后又仿佛根本不记得此事。于是，父亲当机立断，不顾她的强烈反对，把她送到我这里来接受治疗。

我迄今所描述的病史，看来似乎都不值一提。这无非只是"轻度歇斯底里症"的表现,有着这种病常见的身体和心理症状,如呼吸困难、神经性咳嗽、失声、偏头痛、意识消沉、歇斯底里式的情绪暴躁以及不能当真的厌世感受。已发表的一些歇斯底里症病例可能更加有趣,也更为细致;因为在接下来的讨论中,皮肤敏感、视域受限等问题依然不会出现。我只想评论一句:不遗余力地收集罕见、惊人的歇斯底里现象,对于理解这一依然神秘的病症并没有太大帮助。我们亟须做的,是阐释最普通的案例和最常见、最典型的症状。若能彻底弄清轻度歇斯底里症的前因后果,我就已经非常满足了。从我与其他病人打交道的经验来看,我对自己的分析方法充满信心。

1896年,我与约瑟夫·布洛伊尔博士(Dr. Joseph Breuer)合著的《歇斯底里症研究》一书出版后不久,我请一位优秀的同行评判书中分析歇斯底里症的理论。他直截了当地说,这本书用不恰当的方式,将可能仅适用于某些案例的结论普遍化了。此后，我又接触了许多歇斯底里症病例，并对每个案例进行了长达数天、数周乃至数年的研究。可以说，每个病例都满足《歇斯底里症研究》一书中所猜测的前提条件：心理创伤，情感冲突，以及我在后续论著中提到的性困扰。有些事物正是因为不愿露面，才成为了致病的因素；我们当然不能指望患者将这些东西对医生和盘托出；在我们的研究遭到否认时，我们不应轻言放弃。【关于最后这一点，以下试举一例说明：一位维也纳同行坚信性因素在歇斯底里症中不起任何作用。或许这样的经历，还将令他更加坚持自己的观点：一次，他心血来潮，问一位呕吐厉害的14岁歇斯底里症女患者，是否有过爱欲体验。那个孩子坚决否认，甚至还装出一副十分惊讶的样子。回去后，她用不屑的口吻对母亲说："你想想看，那个蠢家伙竟然问我是不是恋爱了！"后来，她到我这儿接受治疗，承认自己曾手淫多年，而且白带偏多（这也与呕吐存在许多关联)——当然,她承认这一切肯定没有那么爽快。后来,她戒除了手淫的习惯,但却由此背上了沉重的负罪感,把家庭所遭受的一切不幸,都看作上天对自己的惩罚。另外,她也受到姑母的影响。后者行为不检,未婚先孕(这是呕吐的第二个原因),当时大家都以为这件事成功地瞒过了她,以为她"还是个孩子"。实际上,她早已对一切性关系了如指掌。】

在杜拉一案中,由于父亲如我反复提到的那样,有着过人的洞察力,所以我至少无须再费力把近来的疾病表现和她的生活联系在一起。这位父亲告诉我,在B城居住时,他们一家跟已在那儿居住多年的一对夫妇建立了深厚的友谊。在身患重病时,K夫人曾照料过他,对此他心怀感激,没齿不忘。K先生对他的女儿杜拉颇为喜爱,人在B城时常携杜拉外出散步,还送她小礼物。对此,没有任何一个人感到不妥。杜拉曾无比细致地照料过K先生两个年幼的孩子,几乎替代了他们母亲的角色。这对父女在两年前的夏天找到我时,原本正在拜访在阿尔卑斯湖畔避暑的 K 夫妇。杜拉本打算在 K 先生家住上几个星期,而她父亲则待几天就走。那几天,K 先生也一直在家。可当父亲收拾行囊准备启程时,杜拉突然坚持跟他一道离开,最终也如愿以偿。几天后,她才对自己当时怪异的表现作出了解释。她让母亲带话给父亲说,某次从湖上坐船回来,她与 K 先生一道散步,后者竟然向她求爱。可在她父亲和伯父在下一次会面中质问 K 先生时,K 先生却坚决否认此事。他还反过来怀疑杜拉,说 K 夫人曾告诉他,杜拉只对与性相关的事情感兴趣,在她家时正在读曼特加扎(Mantegazza)《爱情生理学》之类的书籍。或许正是因为这类读物的刺激,她才幻想出了那一幕。

"我敢肯定,"父亲说,"正是这件事让杜拉情绪低落,易受刺激,甚至还动了自杀的念头。她要求我和 K 先生、尤其是 K 夫人断绝来往,而她原本很崇拜 K

夫人。我没法满足她的要求。一方面，我觉得杜拉说K先生对她图谋不轨，其实只是她强加给自己的幻想；另一方面，我和K夫人之间有着真挚的友情，我不愿对她造成伤害。这个可怜的妇人与她丈夫生活在一起，其实并不幸福——对她的丈夫，我倒没太多好感。她自己也深受神经疾病困扰，而我是她唯一的依靠。您也知道我的身体状况，我大概无须再证明我和她没有任何非分之情。我们就是两个在友谊中相互慰藉的可怜人。您也知道，我跟自己的妻子貌合神离。杜拉却继承了我的倔脾气，对K一家恨之入骨。她上一次疾病发作，就是在跟我谈话之后。当时，她再次要求我和K一家断绝来往。现在，还望您对她善加引导！"

与这段自白不同的是，这位父亲曾在别的谈话中说，杜拉令人难以忍受的特质要归咎于她母亲，因为全家人都受不了她的个性。但我早已下定决心，在听到另一方的陈述之前，不对那起事件的真实性妄下判断。

K先生的求爱和随后的诋毁中伤，对杜拉而言，就是心理创伤。这也是布洛伊尔博士和我所列举的歇斯底里症必不可少的先决条件之一。而这个案例中新出现的种种困难，促使我超越了自己的理论。【我虽然超越了这一理论，却从未放弃它，也就是说，现在我认为它不够完整，而不是不够正确。我仅仅是不再强调"催眠状态"的重要性，而从前我认为，患者受到创伤后出现这一状态，它也是之后一切反常心理现象的基础。《歇斯底里症研究》一书是我和布洛伊尔合著的。假如可以区分各自的贡献，那我想说，被一些人视作此书核心内容的"催眠状态论"，其实完全是布洛伊尔的主意。我认为这是多余的，也容易造成误会，这个命名会影响我们对歇斯底里症症状形成心理过程的连续研究。】

另外，它还展示了一个特殊的难题。在许多歇斯底里症病例中，我们所熟知的生活创伤不足以解释或决定症状的特殊性。即便还有除神经性咳嗽、失声、意志消沉和厌世感之外的症状出现，也不会使我们的认识有所增减。何况一部分病症，如咳嗽和失声，早在创伤出现的数年前就已出现。她第一次发病是在童年，当时还只有8岁。所以如果我们不愿放弃创伤理论，就必须一路追溯到患者的童年时期，在那儿寻找与创伤类似的影响或印象。值得一提的是，在另一些病例中，即便患者未在童年患病，我的研究也会一路追溯到其最初的婴幼儿岁月。【参见我的论文《论歇斯底里症的病源学》，载《维也纳临床评论》，1896年，第22—26页。】

在克服了最初的困难之后，杜拉又跟我讲起了她此前和K先生来往的经历；在我看来，这或许更称得上是一次性创伤。当时，她只有14岁。K先生在B城主广场上有一家店铺，他跟杜拉和K夫人约定，让她俩下午来店里和他会合，然后再一起去观赏教会组织的庆典活动。可他却说服K夫人留在了家里，并支走了店员，杜拉进店后，那儿只有他一个人。当游行队伍即将经过时，他让杜拉去一扇通往楼上的门旁等他，自己则跑去关百叶窗。回来后，他却没从开着的门中走出，而是一把抱住杜拉，在她的嘴唇上使劲亲了一口。正是这番经历，让这个不谙世事的14岁少女明显感受到了性冲动。在这一刻，她感到一阵恶心，挣脱开K先生的手，匆忙从他身边挤过，沿着楼梯跑出了楼门。此后，她依然与K先生来往，两人都没有再提起当时的那一幕，杜拉也一直保守着这个秘密，直到在治疗中将它和盘托出。但在接下来的一段时间里，她还是尽量避免和K先生单独相处。当时，K夫妇原计划带杜拉外出旅行几天。但在强吻事件发生后，她谢绝参加这次旅行，并没有给出任何理由。

这一幕是杜拉提到的第二个场景，但实际上它发生的时间比第一个场景要早。当时，年仅14岁的杜拉就有着完全歇斯底里式的表现。一个人的性冲动如果主要或彻底引发不快感受，那无论他是否有身体症状，都会被我毫不犹豫地称为歇斯底里症患者。

解释情绪反转的机理，至今仍是神经症心理学最重要、也最难攻克的问题之一。据我判断，我离实现这一目标还有很长一段距离。当然在本文中，我也只能介绍我所知晓的一部分内容。

光是情绪反转，还不足以概括杜拉一案的全部特征。我们必须指出，这个例子中出现了感受的转移。任何一个健康的女孩，在这种情况下【之后，我们还将对这种情形作深入分析】都会产生生殖器感觉；可杜拉不但没有这种感觉，反倒感到不快，也就是恶心，而这是消化道口的黏膜被异物触及的感觉。显然，那一个吻对其嘴唇的刺激，也促进了恶心感的出现；但我认为，还有另一种因素在其中起着作用。【杜拉因这个吻感到恶心，肯定不是偶然因素作用的结果。否则，她应当能够准确无误地想到这一点，并将它说出。我恰好也认识K先生，他就是那位介绍杜拉父亲到我这儿就医的人。他看上去

相当年轻,仪表堂堂。】

这种恶心,并没有成为持久的症状;在治疗过程中,它也只是作为一种潜在的可能存在。杜拉只是食欲不佳,也承认自己有些厌食。相反,强吻却造成了另一种后果,也即使她产生了一种幻觉感受。在叙述过程中,她不时提到这一点。她说,直到现在,自己仍然能感觉到那个拥抱对她上身造成的压力。以我对症状形成的了解,再参考患者其他一些难以解释的表现【如害怕从一个正跟一位女士热切交谈的男子身边走过】,我还原了当时的场景。我认为,在那次疯狂的拥抱中,她不但感受到了嘴唇上的吻,也感受到了对方勃起的阴茎对她身体的压迫。这一令人作呕的感受,被人为地从记忆中剔除,受到压抑,转而被无害的感觉【对胸口的压迫】取代;正是对感受来源的压迫,使得压迫感变得强烈。所以这又是一次从下身到上身的转移。【我提出"转移"这一因素,绝不仅是为了解释这一个现象;在许多症状中,都有转移作用存在。后来我又收治了一位新娘。她原本和未婚夫十分相爱,却突然意志消沉,转而对他十分冷漠。使她受惊的原因,也是一次拥抱。他们两人当时并未接吻,所以我们很容易就发现造成惊吓的原因正是对方的勃起,而这段记忆则被排除在了意识之外。】她的强迫行为,正是回忆挥之不去的后果。她不愿从任何一个她认为处于性兴奋状态下的男子身旁经过,其实是试图让由此引发的身体反应不再重现。

值得注意的是,这儿出现的三种症状【恶心、对上身的压迫感、害怕从正跟人甜言蜜语的男子身旁经过】都由同一种经历引发。只有明确三者间的相互关系,才能理解症状的形成过程。恶心是易产生性兴奋的嘴唇部位受到压抑的症状;之后我们还会说明,这是婴儿期过度吮吸所带来的后果。来自勃起阴茎的压迫,可能会使对应的女性性器官——阴蒂产生类似的反应;作为第二个易产生性兴奋的区域,它所产生的兴奋,经由转移作用固置在胸口所同时感受到的压力之中。害怕可能处于性兴奋状态的男子,符合恐惧症的作用机理;她这么做,只是为了防止被压抑的感受重新出现。

为了证明我的补充确有可能,我又小心翼翼地询问患者,是否知道处于兴奋状态下的男子都有哪些身体征兆。她的回答是:现在知道,但当时应该不知。在这个病例中,我从一开始就倍加小心,不让患者对两性生活的奥秘有更多的了解,这并不是出于道德的考虑,而是因为我想让我的观点在这个病例中接受严格的考验。提到这方面的事物,我总是言辞隐晦,只有当种种迹象表明直言不讳也并无大碍时,才会直呼其名。迅速和诚实的回答,通常表明她已知晓这方面内容;但究竟从何而知,她也说不太清楚。她已经忘了这些知识的来源。【参见下文对第二个梦的分析。】如果杜拉在店里被强吻的一幕真的可以这样解释,那我又可以这样推断恶心的来源【与在类似的情况中一样,我所想到的来源不止一种,而有多种，也即它具有多重决定因素】：恶心感最初是因为闻到排泄物的气味，后来又发展成看到排泄物就会感到恶心。性器官可以让人联想到排泄功能，尤其是男性的性器官，更是同时兼具性功能和排尿功能。而且，排泄功能更早为人所知，也是性成熟之前男性性器官的唯一功能。所以，恶心成为了性生活的一大情感表现。一位基督教圣贤曾说过："我们出生于屎尿之间。"他无视所有理想化的努力，坚决地把排泄和性生活联系在了一起。但站在我的角度，我必须强调一点：指明两者之间的联想关系，并不等于解决了问题。这种联想可被唤醒，并不等同于它一定会被唤醒。实际上，它在一般情况下都不会被唤醒。即便我们知晓这条道路的存在，也依然有必要搞清楚都有哪些力量在这条道路上漫步。【我所说的这一切，都是歇斯底里症典型、普遍的特征。一些最为有趣的歇斯底里症状，正是由勃起所引起的。女性透过衣物，注意到男性的性器官；当这一印象遭到压抑之后,她们往往会表现得害怕与人和社会打交道。性行为和排泄行为之间的广泛联系,是很大一部分歇斯底里式恐惧症的根本原因,但它的病理意义并未得到足够重视。】另外我还发现,要把患者的注意力引导到她与K先生的交往之上,其实并非易事。她声称已经跟这个人断绝了来往。她在治疗过程中所想到的一切,容易意识到的事情以及对前一天的回忆,从表面上看都与父亲有关。显然,她不能原谅父亲继续与K夫妇,尤其是K夫人交往。但她对二者关系的认识,显然与父亲的自述不同。在她看来,父亲和年轻貌美的K夫人无疑是恋爱关系。能证实这一点的蛛丝马迹,都没能逃过她尖锐的目光。在这件事上,她的记忆不存在空缺。早在父亲身患重病之前,他们一家就认识K夫妇;但直到父亲患病、开始接受年轻的K夫人照顾之后,两家才越来越亲密;在这期间,她母亲则一直远离父亲的病床。父亲痊愈后第一年夏天发生的事情,定能让任何明眼人看清这番"友谊"的真相。当时,两家人在一家旅馆里合租了一个套房。有一天,K夫人声称不愿再与自己的一个孩子同住;几天后,她父亲也不愿再住自己的卧室。他俩都搬到了走廊尽头,房间只隔着一个过道,而他们原来的房间则没有那么不易受打扰。后来,她曾因为K夫人的事情多次指责父亲,可他却总说,自己不明白女儿的敌意从何而来,孩子们更应该对K夫人感激不尽才对。后来,她去找母亲问个究竟,母亲告诉她,父亲当时闷闷不乐,一度想到林中寻短见。K夫人注意到了这一点,追随他而去,劝他顾全家人,切莫轻生。她当然不相信这一切,认为这是父亲被人看到和K夫人在林中幽会才编出来的鬼话,他这么做,无非是想给这场约会找个借口。【这可跟她本人的自杀闹剧联系在一起。由此可见她其实向往类似的爱情。】回到B城后,父亲会定期在K先生去店里的时候去找K夫人。所有人都对此议论纷纷,甚至还绘声绘色地来向她打听情况。

K先生总向她母亲抱怨这些，但并没向她暗示什么；她认为，这是K先生为人周到。两家人一起外出散步时，父亲和K夫人总能找到机会独处。父亲无疑给了K夫人钱，因为她自己和她丈夫的收入，绝对供不起她的开销。后来，父亲开始给她送贵重的礼物；为此，他在母亲和杜拉面前也出手大方。这简直是欲盖弥彰。K夫人从前一直病恹恹的，甚至还因为行走困难去神经病院住过几个月，现在一下子变得健康活泼了。

他们一家离开B城后，这一持续多年的交往并未中断。父亲不时说自己受不了阴冷的天气，必须出去做点什么；随后，他就开始咳嗽，口中怨声连连，直到突然启程去B城后，才从那儿寄回欢快的书信。所有这些病痛，都是他去拜访女友的借口。后来有一天，父亲突然宣布举家迁往维也纳。她猜测其中是不是有什么内情。果然，他们搬到维也纳还不到三个星期，K夫妇也正式移居维也纳。现在，他们也依然长居在此。她经常在街上撞见父亲和K夫人同行,也经常碰见K先生。K先生总是用目光注视着她离开,有次见她一人独行,还远远地尾随她,像是要搞明白她究竟要去哪儿,是不是要去哪儿赴约。

父亲不够诚实,性情虚伪,只顾着自己享乐,而且总能根据需要,编造出种种谎言。有一次,父亲又感到"身体不适",一去B城就是好几个星期;杜拉很快机敏地发现,K夫人借口走亲访友,也去了B城。于是在那几天里,杜拉一直在我耳边说父亲的不是。

这位父亲品性如何,我不想过多评价。而我们很容易注意到,杜拉的指责其实不无道理。她每次情绪低落,就觉得自己被父亲出卖给了K先生,以换得后者容忍他和K夫人的不正当关系。我们发现,她除了对父亲十分依恋,也对父亲利用她愤怒不已。但另一些时候,她可能也意识到自己有些言过其实。父亲和K先生肯定没有就交换正式达成协定;在这种无理要求面前,父亲甚至会表现出震惊。但父亲是很会避开锋芒的人，总能见风使舵地编造说辞。如果有人说，日趋成熟的少女在不受看管的情况下，持续与无法从妻子那儿得到满足的男人来往，很容易产生危险，他肯定会说：他信任自己的女儿，像K先生那样的男子不会给她带去危险，而且K先生作为他的好友，也不会起这种歹念。或者，他也可能换一套说辞：杜拉还是个孩子，K先生也只把她当作孩子看待。实际上，这两个男人不约而同地避免评判对方的行为，生怕因此给自己带来麻烦。K先生在的那段时间，持续给杜拉送了一年的花，而且不放过每个给她买贵重礼物的机会，一有空就陪在她身边。而杜拉的父母却不觉得这种行为是求爱。

当精神分析治疗过程中出现合情合理、完整无缺的思绪时，医生可能会感到一阵尴尬，因为病人会借机发问："这一切大概都是真的吧？我就是这么告诉您的，您还想修改什么呢？"但医生很快就会意识到，病人提供的这些想法可以帮助完成无懈可击的病理分析，令人无从辩驳，这么做只有一个目的：掩盖他们想逃避批评和逃避自我的真实想法。他这样接二连三地责怪别人，其实是在就同样的内容不停自责。所以，我们只需认为，他的每句话都是对自己说的。这种用同样的话责怪他人，从而逃避自责的行为，显然是下意识的条件反射。最好的例子，就是小孩子们相互"回敬"对方的骂词。如果有人说他们骗人，他们一定会不假思索地回应："你才骗人！"而成年人在陷入骂战时，肯定会寻找对方真正的弱点，而不会把主要精力放在口舌之争上。但在妄想症中，患者会把这番指责投射到另一个人身上，而丝毫不改变其内容，也不考虑事实情况。

杜拉对父亲的指责，也同样有着自责的背景，这是我们将要逐一揭示的内容。她说的没错，父亲不去深究K先生对她的所作所为，只是为了避免损害自己和K夫人的关系。但其实她也是这么做的。在父亲的风流韵事中，她作为父亲的帮凶，努力对一切可能导致真相败露的迹象视而不见。直到在湖边遭K先生求爱，她才仿佛大梦初醒，转而对父亲提出各种严厉的要求。而在此前的这些年里，她一直为父亲和K夫人的交往创造便利条件。猜到父亲在K夫人那儿时，她从不去找她。她知道K夫人会找借口把自己的孩子支开，于是干脆去跟他们会合，和他们一道散步。在他们家，其实有一个人很早就试图让她认清父亲和K夫人的关系，希望她站出来与K夫人作对。这个人就是她的上一任家庭女教师，一个已经有些年纪、观点开明、博览群书的未婚女子。【这位女教师读过许多与两性生活相关的书，并与杜拉讨论其中的内容。但她也对杜拉明言，不能把谈话的内容告诉其父母，因为她不知道他们对此持何态度。在一段时间里，我一直想证明这个女人就是杜拉各种秘密知识的来源。我的这一猜测，大概并不算离谱。】这对师徒曾经一度相处融洽，直到杜拉突然对她产生了敌意，坚决要求将她开除，理由是这个女人一直利用各种机会，不遗余力地说K夫人的坏话。她对杜拉母亲说，容忍自己的丈夫与陌生人亲近，实在有损她的尊严；同时，她也提醒杜拉注意父亲和K夫人不同寻常的交往。但她的努力都是徒劳，杜拉依然和K夫人往来甚密，而对父亲和K夫人之间的流言蜚语充耳不闻。但另一方面，她又大致猜到了这位家庭女教师这样做的用意。她虽对某些事情视而不见，对另一些事情却又洞若观火。她注意到，这位女教师其实也爱父亲。父亲在家的时候，她就仿佛换了一个人，变得百般殷勤。当他们一家搬到父亲工厂所在的城市、暂时和K夫人远离之后，女教师转而把杜拉的母亲视作情敌，开始说她的坏话。但这一切都没有让杜拉感到不快。直到她发现，这个女教师其实对她毫不关心，她爱的人只有她的父亲，才终于勃然大怒。父亲不在家时，这位女教师不愿搭理她，不跟她一起出门散步，也对她的功课不闻不问。父亲一从B

城回来,她又表现出一副随叫随到、乐于助人的样子。所以,杜拉叫人解雇了她。

那个可怜的女人,让杜拉以违心的方式,对自己的部分行为有了清醒的认识。她对K先生孩子的态度,其实和女教师对她的态度并无二致。K夫人对孩子漠不关心,于是她扮演了她的角色,给他们讲课,伴他们外出,给他们一切补偿。K先生和K夫人经常闹离婚,但一直没有成功,因为K先生是个慈祥的父亲,舍不得放弃两个孩子中的任何一个。从一开始,对孩子的共同兴趣就是K先生和杜拉交往的黏合剂。杜拉显然是在借与孩子们的相处,掩饰一些她不愿正视、也不愿告人的秘密。

女教师对她以及她对K先生孩子的态度对比,以及她一直默许父亲和K夫人交往这一事实,都促使我们得出同一个结论:这些年来,她一直爱着K先生。但我的这一结论,却并没有得到她的认可。她虽然也立即想到,别人【如一位来B城短住的表姐】曾说她"对这个男人着了迷",但她自己却回忆不起这类感受。后来,随着证据的累积,她再难轻易否认此事,只得承认自己在B城时可能爱过K先生,但自从发生湖边的那一幕后,一切都结束了。【参见下文对第二个梦的分析。】无论如何,有一点是确定无疑的:她指责父亲无视自己的责任,只顾自己谈情说爱,其实也是在责怪自己。【这里我们遇到了一个问题:杜拉如果爱K先生,为何又要在湖边拒绝他呢?至少她也不至于拒绝得如此彻底,甚至表现出怨恨的味道啊?随后我们还会发现,K先生的求爱既不笨拙,也不唐突。为什么一个恋爱中的女孩,会认为这是对自己的侮辱呢?】她对父亲的另一番指责(利用疾病为自己找借口),也同样适用于她本人。有一天,她宣称自己有了新症状,胃痛难忍。我问她:"您这是在模仿谁呢?"结果一语中的。前一天,她去拜访两位表姐,也就是那位去世姑母的女儿。小表姐新婚燕尔，大表姐因此出的症状，被送进了"塞默灵疗养院"。杜拉说，这只是嫉妒心在作祟；大表姐每次有所企图，就会病倒；这一次，她不过想借机离家，免得看见妹妹幸福的样子。【这实是姐妹常情。】而杜拉的胃痛，恰恰说明她对那位装病的表姐产生了认同：这或是因为她也在嫉妒幸福的小表姐，或是因为她在那位不久前刚刚失恋的大表姐身上，看到了自己的影子。【从杜拉的胃痛中，我还得出了更多的推论。这些稍后再谈。】另外，她也从K夫人身上观察到了疾病的诸多益处。K先生一年总有一段时间外出旅行。每次回来，K夫人总是一副病恹恹的样子；而杜拉很清楚，其实她头一天还好好的。她知道，K夫人会在丈夫在场时生病，而且她也乐得生病，以此逃避尽夫妻义务。这时她突然提到，在B城的最初几年，自己的身体状况也是时好时坏。这不禁让我猜测，她的状态也跟K夫人的一样，与某件事有着正相关性。精神分析一条通行的规则，就是在两个念头相继出现时，探寻它们之间尚未明朗的内在联系。正如字母"a"和"b"被放在一起时，我们就应当认为对方是在说"ab【德文中意为'从……起'】"。杜拉的咳嗽曾多次发作，并伴随有失声现象；所爱之人在场与否，会不会影响这一疾病的去留呢？如果真是那样的话，那我们肯定能找到某种规律。于是我问她，咳嗽发作通常持续多久。她回答3—6周。那K先生一次外出多久呢？她不情愿地承认，也是3—6周。所以，与K夫人借患病表达对丈夫的厌恶一样，她正好用患病证明了自己对K先生的爱。所以，她的行为和K夫人正好相反：K先生不在，她就生病；他一回来，她就痊愈。至少在疾病的早期阶段，情况的确如此。后来，为了掩饰疾病发作和爱人离开之间的联系，以免被人看出端倪，她开始有所收敛。只有每次发病的时长依然保持原样，似乎是在暗示它原本的含义。

我还记得当年在沙可（Charcot）领导下的医院里

的所见所闻。那些患有歇斯底里式缄默症的病人，会用写字替代说话。他们行文流畅，奋笔疾书的能力远胜常人，也超过患病之前的自己。这正是杜拉的情况。在她失声症发作的头些天，"写字对她来说尤为容易"。这一特征不过是必要的生理替代功能，根本无须心理学解释；但值得一提的是，要从心理学角度解释这一现象，其实是很容易的事情。K先生出门旅行时，给她寄了一大堆明信片，所以往往她知道他什么时候回来，K夫人反倒被蒙在鼓里。两个人之间说不了话，就会写信沟通。这也正是杜拉的所作所为：当她无法和外出的K先生对话时，就会与他通信。所以，杜拉的失声症可以这样解释：当爱人远去时，她就不说话，因为无法与他说话，发声就失去了意义；相反，书写则成了与不在身边的人联系的唯一途径。

那是不是可以说，所有间歇出现的失语症，都可被认为是与所爱之人暂时分别所致呢？这当然不是我的目的。在杜拉这个案例中，症状的决定因素太过特殊，无法仅用某一偶然致病因素的重复来解释。那阐释本案中的失声现象，究竟有什么意义呢？我们是否只是被命运戏弄了一番？我并不这么认为。这必须联系到一个常见的问题，那就是歇斯底里症的症状究竟源自心理还是身体。如果选择前者，那是不是可以说，这些症状都是心理因素所决定的？这个问题与许多让研究者无功而返的问题一样，本身就是不恰当的。它给出的两个选项，都不足以说明事实的本质。据我观察，任何歇斯底里症状都离不开身心两方面的作用：如果没有身体的迎合，症状不会出现，所以在身体器官内外，必然有某种正常或病态的过程在起着作用；症状如果没有心理意义，就不会出现第二次，而歇斯底里症状的特征之一，就是不断重复。但这层心理意义不是歇斯底里症状自带的，它只是从别处借来了这层意义，并将它和自己捆绑在了一起。所以，由于每个例子中遭到压抑、但又渴望得到表达的思想不尽相同，其心理意义也就不尽相同。但是，在一系列因素的作用下，潜意识思想和被其用作表达手段的身体过程之间的关系，也将显得更为合理，并更接近典型的表现方式。对于心理治疗而言，在偶发心理材料中出现的决定因素，往往是更重要的；只要找到它的心理意义，就能消除症状。在把可被精神分析清理的内容一一处理完毕后，我们终于可以畅所欲言，谈谈症状可能的身体基础【通常是体质和机体基础】。在杜拉的案例中，我们不会满足于对她的咳嗽和失声进行精神分析；我们还要证明这些现象背后存在机体因素，也就是她的身体如何"迎合"需要，表达出她在爱暂时离开时的心理倾向。假如在这个例子中，症状表现和潜意识思想之间的联系给我们留下了有意为之的印象，那我们应当乐于看到同样的联系在其他病例中出现。

可能有人会说，精神分析仅仅让我们把目光从"神经分子的特殊不稳定性"或"可能的催眠状态"中挪开，转而在"身体的迎合"中探寻歇斯底里症的奥秘，那实在算不上太大进步。

对此我想强调，我们不但在解开谜团的道路上前进了一小步，还略微缩小了范围。我们所面对的不再是整个谜团，而是其中体现歇斯底里症特色、与其他心理神经症不同的那一小部分。不同的心理神经症会在很长一段时间里以相同的方式发展，随后才有"身体的迎合"，帮助潜意识的心理过程在身体过程中找到出路。如果不具备这一因素，病患就不会呈现歇斯底里症的面貌，而是表现某种类似的心理症状，如恐惧症或强迫症。

现在，我们再回过头来看杜拉对父亲"装病"的指责。我们发现，这不仅是对过往疾病状态的自责，也是对近况的自责。在这种情况下，医生必须对分析所得的结果进行猜测和补充。我不得不提醒患者注意，她没有理解错K夫人的病态，而她自己的病态也有着同样的动机和倾向性。毫无疑问，她希望通过患病，实现某个目的。这个目的不是别的，正是要让父亲与K夫人疏远。无论是祈求还是说理，都没能让她达到目的；于是，她开始借助别的手段，如让父亲受惊【写诀别信】和引起他的同情【陷入昏迷】；如果这一切还不成功，那她至少要让父亲遭到报应。她清楚父亲很疼爱自己，每次被问及女儿的健康状况，都不禁潸然泪下。我相信，只要父亲告诉她，为了她的健康，他宁愿牺牲K夫人，那她马上就能恢复健康。但我希望这位父亲不要那么做，因为一旦发现自己掌握如此强大的武器，她将来肯定会不遗余力地利用疾病。但只要父亲不愿让步，她的病症就没有那么容易消失。对此，我已经做好了心理准备。

此处，我将略过一些证明我观点正确性的细节，直接就患病动机在歇斯底里症中的作用展开评述。"患病的动机"和"患病的可能"显然不是一个概念。后者是构成症状的素材，而前者则与症状形成无关，在患病之初也并不存在。它直到后来才出现，只有这时，疾病才算彻底成形。【1923年补注：这一说法不完全正确。"患病动机在患病之初并不存在，直到后来才出现"这句话不能成立。在下一页中，我们马上就会提到一些在疾病爆发前就已出现、并直接导致疾病爆发的患病动机。后来，我通过区分疾病的初级收益和次级收益，更好地解释了这一现象。患病的动机肯定是为了有所收益。这段话后头论述的内容，都是疾病的次级收益。而疾病的初级收益，在每一种神经症中都能获得认可。首先，患病可以节约许多心理工作，"遁入疾病"是解决心理冲突最为经济的办法；虽然在大多数情况下，这种逃避后来都被证明是不合适的。这一部分疾病收益，可以说是内在的、心理层面的初级收益，它恒久不变。另外，还有一些外部因素，如K夫人遭丈夫压制的例子，会成为疾病的动机，这就构成了外部的初级收益。】

我们可以认为，患病的动机存在于每一个持续时间较长、真正让人感到痛苦的病例之中。起初，症状必然是精神生活中的不速之客，它受到各种抵抗，所以也很容易随着时间的流逝消失。最一开始，它在心理中没有用武之地，但它往往能够换一种方式实现自己的价值。它可能会被某种心理思潮接纳，实现次级功能，从而在精神生活中安营扎寨。那些想帮助患者恢复健康的人，或许会遇到意想不到的巨大阻碍。这说明，患者其实并不那么想摆脱痛苦。【作家兼医生阿尔图尔·施尼茨勒（Arthur Schnitzler）的《帕拉塞尔苏斯》一剧也准确地表现了这一认识。】我们不妨想象一下：一位修屋顶的工人摔成了残废，只能在街头靠乞讨过活。一个能创造奇迹的人找到他，允诺将他的废腿治好，使他能重新走路。在我看来，我们实在无法指望他面露喜色。在受伤的那一刻，他肯定深感不幸，因为他意识到，自己无法继续工作，要么饿死，要么只能靠别人的施舍过活。可是后来，丧失工作能力反倒成了他的收入来源，使他得以靠残疾过活。别人如果夺去了他的残疾，那他很容易陷入无助的境地,因为他已经没有了工作习惯,懒散成性,甚至已经开始酗酒了。

患病的动机往往在童年就露出端倪。缺爱的孩子,不愿与兄弟姐妹分享父母的疼爱,她很快注意到,如果她的病让父母担心,就能重新获得全部的关爱。于是,她找到了吸引父母关爱的窍门,一旦具备引发疾病的心理条件,就会使用它。后来这个孩子长大成人,违背儿时的心愿,被迫嫁了一个不那么体贴的丈夫。丈夫打压她的愿望,压榨她的劳动,既对她不够温柔,也不愿为她花钱。于是,患病就成了她实现人生诉求的唯一武器。这为她赢得了梦寐以求的爱护,迫使丈夫为她花钱,对她悉心照顾——这是她健康时得不到的待遇。即便在痊愈后,丈夫也不得不小心对她,生怕疾病复发。从表面上看,疾病是客观出现的,也不是她本人所乐见的,何况主治医生也证明了这一点;所以,她尽可以善加利用这种从小学会的手段,而不必感到任何自责。

但这种病态毕竟是有意为之的结果！通常情况下，这种病态针对的是某个特定的人，只要他一离开，病症也随即消失。所以，我们从护工和一些没有教养的亲属那儿听来的话，虽然略显粗鄙，也乏善可陈，但其实不无道理。没错，如果房间里起火，瘫痪在床的病人会一跃而起；如果孩子遇到危险，或是家庭大难临头，养尊处优惯了的妇人也会忘记病痛。人们对患者的各种评论，基本上都是对的，唯独一点：他们不该忽视意识和潜意识的差别。这种差别可能在孩子身上并不存在，但放到成年人身上就十分明显了。人们言之凿凿，认为一切无非取决于患者的意志；他们对患者使出浑身解数，或鼓励，或谩骂，但最终都无功而返。失败的原因在于：人们没有先借助分析，使患者相信自己确有患病的企图。

歇斯底里症的患病意图很难消除。这正是各种疗法的弱点所在，就连精神分析也不例外。但精神分析的处境相对要好一些，因为它无须把握患者的体质因素和致病材料，只要移除患病的动机，就能让患者暂时乃至永远摆脱疾病的困扰。如果我们这些医生更容易接触到患者所隐藏的生活目的，就会有更多疾病奇迹般地痊愈，更多症状自主消失！一旦期限已过，患者不愿再为旁人着想，或局势因外部情况产生根本变化，顽疾都会失去踪影。表面上看，它们是自主消失的；实际上，这是因为疾病最强烈的动机已经被移除了，也即它在生活中失去了作用。

在所有成熟的案例中，都能找到为疾病提供支持的动机。但也有一些案例的动机完全是内在的，如自我惩罚，也即懊悔和赎罪。相比那些与实现外部目标相关的病例，这类案例更容易通过治疗得到解决。在杜拉一案中，她的目标是显而易见的：那就是打动父亲，让他和K夫人断绝往来。

顺便说一下，杜拉最生父亲气的一点，是他竟把湖边的那一幕当作女儿的幻想。一想到有人认为这是她的幻觉，她就气不打一处来。在很长一段时间里，我一直尴尬地猜测，杜拉如此激烈地反对这种解释，究竟是在为何事感到自责。我们有理由相信背后另有隐情，因为假如一番责难没有切中要害，肯定不会让人持续受伤。但我的结论仍然是：杜拉的叙述可能符合事实。在明白K先生的意图后，她没等他说完，就扇了他一巴掌，独自跑开。她的行为，肯定也让独自留在原地的K先生大感不解，因为他肯定从种种迹象推断出，这个女孩对自己有好感。在讨论杜拉的第二个梦时，我们将解开这一谜团，并弄清我们苦苦寻觅的自责究竟是什么。

杜拉不遗余力地控诉自己的父亲，且这一过程一直伴有咳嗽。于是，我不由想到这种症状或许具有某种与父亲相关的意义。而在此之前，我解释现象的各种要求，一直没能得到满足。有一条规则虽一再被证实，但我尚不敢说它普遍适用。根据这条规则，症状是含性成分的幻想，即性场景的表现。更确切地说，在症状的诸多含义中，至少有一种是性幻想的表现，而其他含义则不一定有这样的内容限制。凡是从事精神分析工作的人，都会很快发现一个症状包含了多重含义，可以同时反映好几种潜意识的思考过程。我还想补充一句：据我估计，单独一种潜意识思想或幻想还不足以引发症状。

很快，我就有了把神经质的咳嗽和幻想的性场景联系起来的机会。一次她再度重申，K夫人只是因为他父亲有钱（vermögend）[1]才爱他的。但从她的面部表情中，我注意到她其实是在说反话：她的父亲是一个无能（unvermögend）的人。这里的无能，显然是指性无能。也就是说，作为一个男人，她的父亲是性无能的。在她确切地证实这一点后，我指出她有些自相矛盾。一方面，她坚持认为父亲和K夫人的关系不同寻常；另一方面，

1　形容词 vermögend 在德文中有两层意思，一是"富裕的"，二是"有能力的"。unvermögend 是它的否定形式。

她又说父亲性无能，也即无法利用这层关系。但接下来听到的话却表明，她并不认为有矛盾存在。她说，自己大致明白，获得性满足的方式不止一种。但这一认识究竟从何而来，她已经记不清了。于是我追问，她说的是不是用除生殖器之外的其他器官进行性交。她肯定了这一点，于是我继续问：这儿所说的器官，或许正是在她身上引起刺激的部位【喉咙和口腔】？她当然不想继续深究下去，但即便症状允许她那样做，她也不可能完全弄明白这一切。但有一点是肯定的：因喉咙发痒引起的间歇性咳嗽，让她联想到了父亲和K夫人口交的场景，这一幕在她脑海里挥之不去。在默认了这种解释后，她的咳嗽旋即消失了。这当然是一件好事，但我不想太过强调这一改变的意义，因为咳嗽之前也常常自主消失。

如果这一小段分析让医生读者感到诧异和悚然，那我已经做好了研究这两种反映是否合理的准备。当然，那些不相信我的人尽可自便。在我看来，人们感到诧异，或许是因为我竟能和一位少女探讨如此棘手而恶心的话题。这个话题,在他们看来不适合跟任何一位性成熟的女性谈论。让他们感到毛骨悚然的是,一位未经人事的少女竟然有着如此丰富的性知识,而且还终日幻想着这方面的内容。在这两个问题上,我均建议慎下结论,更不能言辞过激。其实无论在哪个方面,人们都没有理由勃然大怒。只要满足两个前提,我们完全可以和女性谈论一切性话题:首先,要有特定的谈话方式;其次,要让她们相信这一切是不可避免的。在同样条件下,男性妇科医生也会要求女患者露出需要裸露的部位。最好的方法,其实就是简单、直接地探讨这些话题。人们日常谈论这类话题时,往往语气猥琐,甚至女同胞都已经习惯了这一现象;要避免与猥琐沾边,就必须开门见山,直截了当。我会直接说出那些器官和过程的术语,如果患者不熟悉这些名词,我就给她解释。这一切,可谓"打开天窗说亮话"。我听说,有一些医生同行和外行人士把涉及这类话题的治疗说成是丑闻；实际上，他们不过是在嫉妒我或我的患者，以为我们在谈话中满足了自己的欲望。对于这类"正派君子"，我早已见怪不怪，也不想和他们怄气，所以不会写文讽刺他们。我只想说一点：患者的话往往能带给我慰藉。起初，她们或许并不适应公开谈性；但后来，她们甚至会惊呼："不，您的治疗可比某某先生的谈话正派多了！"

着手进行歇斯底里症治疗，就不可避免地会触及性话题。这一点由不得人们不相信，或者说，人们必须做好准备，在实践中接受这一事实。正如一句法国谚语所说的那样："必须打破鸡蛋，才能做出煎蛋。"其实，患者是很容易被说服的，在治疗过程中，这样的机会其实有很多。所以我们完全无须因与他们谈论正常或反常的性生活而感到自责。假如我们想做得更谨慎一些，那不妨把她们潜意识中已知的内容翻译成意识的内容。我们治疗的效果，完全基于一种认识：潜意识思想的情绪影响比意识思想的情绪影响更为强烈，同时也因其不可阻挡而更为有害。这样做完全不存在将不谙性事的少女带坏的危险，因为如果她们没有在潜意识中对性过程具有足够认识，歇斯底里症就根本不会产生。一个人一旦表现出歇斯底里症，就不再像父母和老师所以为的那样"思想纯洁"了。这一结论，无一例外地适用于10岁、12岁和14岁的男女儿童。

第二种情绪反应针对的不是我个人，而是患者。假如我分析的没错，患者的幻想具有许多倒错特征。我必须强调，医生其实不应具有这般狂热的偏见。一位同行撰文论述性欲望的迷失，却在文中不放过每一个机会，表达他个人对这类低俗事物的厌恶之情。在我看来，这实在是多此一举。我们必须抛下个人好恶，接受事实：我们必须心平气和地谈论性倒错，即那些性功能超越正常身体部位和性对象选择的情况。要知道，在不同种族、不同时代之中，正常性生活的界限也并不一致。光这一点，就应当能让那些狂徒冷静下来。我们不应忘记，最让我们反感的倒错行为，即两个男人之间的同性之爱，不但没被高度文明的希腊人禁止，还被赋予了重要的社会功能。每个人在自己的性生活中，都会在某个地方跨越正常的界限。就其本身而言，性倒错其实既不野蛮，也不堕落。孩童的中性性体质包含了各种可能性，性倒错只是这些种子萌发的结果。人们压制它们，让它们转向与性无关的更高层次目标；这一升华作用，已成为许多文化成就的动力来源。如果一个人显露出严重的性倒错特征，那更准确的说法，应该是他停滞不前，遇到了发展障碍。心理神经症患者都有过强烈的性倒错倾向，只不过在发展过程中，这些倾向受到压抑，进入了潜意识。因此，即便没有读过冯·克拉夫特-艾宾（v. Krafft-Ebing）的《性心理疾病》一书，他们的潜意识幻想也会体现出标准的倒错特征。而一些幼稚的家伙，反倒怪罪这本书推动了性倒错现象的产生。心理神经症，可以说是性倒错的负片【倒影】。包含遗传影响在内的性体质和偶发的生活经历一道,阻碍了患者正常的性发展。水流一旦在一片河床上受阻,就会倒流回源头。形成歇斯底里症的力量,既来自被压抑的正常性欲,也来自潜意识中的性倒错冲动。【在伊万·布洛赫(I. Bloch)的名作《性心理疾病病源论》(1902/1903年)问世之前,我就曾这样论述过性倒错问题。亦参见我同于1905年出版的《性学三论》一书。】一些并不让人讨厌的性倒错行为,其实在民间流传甚广,可那些医学专家偏偏对此视而不见。或者说,他们其实也清楚这一状况,只不过在提笔论述这些事情时,却要使劲将它遗忘。所以,马上就要19岁的杜拉如果听过口交这类性行为,在潜意识中有过这方面的幻想,并以喉咙发痒和咳嗽的方式将它表现出来,其实并不奇怪。即便没有别人讲解,她也可能产生这样的幻想——这一点曾在其他患者身上得到确认。杜拉一例中一个值得注意的现象,恰恰说明她具备自发产生这类幻想的身体条件，而这种幻想又与倒错行为保持一致。杜拉清楚地记得，自己在童年时酷爱吮吸奶嘴。她父亲也记得，这一行为一直持续到4—5岁，以至于他不得不强迫她戒除这个习惯。杜拉本人清楚地记得年幼时的一幕：她坐在一个角落里，嘴里吮着左手大拇指，右手拉扯着哥哥的耳垂，而哥哥就安静地坐在她身边。据另一些后来患上麻痹症或歇斯底里症的患者自述，他们也曾有过这类靠吮吸获得自我满足的行为。其中一位患者的说法，有助于了解这一特别习惯的来源。这位年轻女子直到长大之后，都没能戒掉吮吸的动作。在回忆童年时，她说曾一边吮吸妈妈的乳房，一边拉扯她的耳垂。当时，她大概只是一岁到一岁半的样子。我认为，嘴唇和口腔黏膜是最早的性区域，这一点没人可以否认，因为这层意义依然被保留在亲吻这一正常动作之中。如果这一性区域在早期遭受频繁刺激，就会在始于嘴唇的黏膜层引起身体反应。在她明白男性的阴茎就是自己的性对象之后,作为性区域保留下来的口腔会感受到更大的刺激。这时候,用最新的性对象【阴茎】取代最早出现的乳头及其替代物【手指】,也就不是难事了。所以,这种遭人厌恶的性倒错现象其实有着最无害的来源。它只是换了一种方式,还原胎儿吮吸母亲或奶妈乳房的感受。这种感受,往往会因看到正在吸奶的孩子而被重新激活。大多数时候,母牛的乳房介于乳房和阴茎之间,可作为两者的替代。

我们此前对杜拉颈部的症状做了解析,现在还可再补充一点。有人也许会问,现在你又说这是她在幻想性场景,那这又该如何和之前的解释和平共处呢?之前你说,症状的到来和消失是在模拟所爱的男子到来和离开的情形;如果再将它和K夫人的表现联系在一起,那就仿佛在说:我假如是他的妻子,就会用另一种方式去爱他;他外出的时候,我会【因思念】生病;他回家后,我又会【因不胜欣喜】痊愈。对此,我的回答是:根据我解决歇斯底里症状的经验,它的多种意义没有必要和平共处,合为一体。这些不同的幻想,只要具有同一来源、围绕同一主题形成整体就足够了。何况在我们这个案例中,它们也并非不可能和平共处。其中,一种意义与咳嗽联系更紧密,另一种则与失声症和状态变化更为相关。更为精确的分析,可能会揭露疾病更多的细节。我们已知症状往往同时具有多种不同意义,现在还可以补充一条:症状也可以先后表达多种不同意义。随着时间的流逝,它的某个意义,乃至其主要意义都可能发生变化;或者一种意义可以取代另一种,占据主导地位。神经症的特征似乎具有保守性,即便其所包含的潜意识思想已经失去了意义,症状也会尽量被保留。这种保留症状的趋势,其实有着很容易解释的机理。生成症状是一件十分困难的事情,将纯粹的心理冲动转化为身体冲动【我称这一过程为"转换"】,需要许多有利条件。比如身体的迎合就不可或缺,但这一点不容易实现;所以，如果迫切想把潜意识的刺激排出体外，可能还得借用已有的排放通道。相比创造新的转换，更容易实现的方法是在需要释放的新思想和不再需要释放的旧思想之间建立联想关系。所以，有着新来源的刺激沿着既定的道路，前往过去的排放地点；症状就像福音书中所说的那样，实现了旧瓶装新酒。虽然这样一来，歇斯底里症中的身体症状成为了更稳定、更难被替代的元素，而心理症状则是不稳定、容易被替代的元素，但我们不能因此确定两者的地位高低。对心理治疗而言，心理因素永远是更为重要的。

父亲和K夫人的关系，总在杜拉的脑海里反复出现，挥之不去。这一点，使得我们有机会获得更多的收益。

这样的想法，可算是过于强烈的了；当然，更合适的做法是像韦尼克（Wernicke）那样，称它们是"被放大的、被高估的"。虽然表面看上去它的内容十分正确，然而实际上却是病态的，因为它有一大特征：虽然患者本人做了各种有意识的、主观的思想努力，依然无法将它消除。如果换作正常的想法，即便它如此强烈，依然可被清除。杜拉的感觉没错，她对父亲的想法需要特殊的评判。"我几乎不能想别的，"她反复抱怨说，"哥哥或许会说，我们做孩子的没权批判父亲的行为。我们不该计较这些，甚至应该为他感到高兴，因为母亲一直很不理解他，现在他终于找到了心爱的女人。我当然明白这些，也想像哥哥那样思考，但我实在做不到。我无法原谅他。"【这种夸张的想法和严重的情绪低迷一样，往往是"忧郁症"的唯一症状。这种病和歇斯底里症一样，都可以通过精神分析治愈。】

在明白了它的意识基础，听过了无效的抗议之后，我们又该如何面对这种夸张的想法呢？不妨说，这种过于强烈的思想因潜意识而得到加强。它无法在思考中被分解，这或许是因为它有被压抑的潜意识素材作为根源，或许是因为其背后隐藏着另一种潜意识思想。后者往往是夸张思想的对立面。对立的思想往往联系紧密，成对出现，其中一种思想在意识之中表现得尤为强烈，另一种思想则受到压抑，进入潜意识之中。这种关系正是压抑作用的成果。压抑作用通常是这样诞生的：一种思想遭到压抑，正是因为与其对立的思想过于强大。我将这一过程称为"反向增强"，而将在意识之中表现得尤为强大、像偏见一样无法被消除的想法，称作"反向思想"。这两种思想间的关系，就像无定向检流表的两枚指针。反向思想由于十分强大，可以将令人不快的思想打回压抑状态；但这样一来，它自己也受到削弱，不再受意识的思考过程所控制。因此，要想让过于强大的想法变得不那么强势，就必须让其被压抑到潜意识中的对立面进入意识之中。

同时，我们也必须对另一类情况有所准备：想法被夸大的原因可能不是上述两者之一，而是两者的共同作用。此外可能还有一些困难出现，但它们都不难克服。

接下来，我们先试着用第一种假设去分析杜拉的案例。我们假设她像受到强迫那样，不停地关注父亲和K夫人的关系，却并不清楚自己这么做的原因——这是因为问题的根源位于潜意识之中。从她的关系和表现中，我们不难猜到真正的原因。她的行为，显然超出了一个女儿的本分，无论是她的感受还是做法，都更像是一个嫉妒的妻子。她的所作所为，放到她母亲身上可能更容易让人理解。她要求父亲在她和K夫人之间做出选择，为此上演了一幕幕闹剧，甚至不惜以自杀相威胁。做这些事情的时候，她显然是把自己放在了母亲的位置上。如果我们的猜测没错，她咳嗽的实质确是对性场景的幻想，那这时她显然把自己放在了K夫人的位置上。所以，她对父亲现在和从前所爱的两个女人产生了认同。于是，结论就呼之欲出了：她其实对自己的父亲产生了好感；迷恋父亲这一点，就连她本人也不清楚，或是虽清楚却不愿承认。

这种父女、母子间的爱情关系因其不正常的后果而为人所熟知。我认为，它其实是婴儿时的感受重新发芽开花的结果。我曾在别处说过，父母和子女间的性吸引早就存在，俄狄浦斯寓言可能就是对这些关系的典型特征进行文学加工的结果。婴幼儿时期女儿对父亲、儿子对母亲的好感，会在大多数人身上留下明显的印记。而在那些具有神经症体质、早熟、渴望被爱的孩子身上，这种好感从一开始就表现得尤为强烈。一些这儿没有提及的影响，也将发挥作用。它们会固置或强化退化的爱欲冲动，直到进入童年时期乃至青春期后才用它生成类似性倾向的事物，让力比多为它服务。【在这里，起决定性作用的因素或许是过早出现的生殖器感受。这种感受可能自主出现，也可能经他人引诱或经手淫引发。参见下文。】杜拉一案的外部关系，对证实我们的设想其实相当有利。她的体质使得她不断接近父亲，父亲的体弱多病也无疑增强了她的依恋。在父亲患一些小病的时候,被选中做一些简单护理的不是旁人,正是杜拉。杜拉小小年纪就聪慧过人,这也令父亲十分自豪,并把尚且年幼的她视作知己。K夫人的出现,取代的其实不是母亲,而是杜拉的位置。

当我告诉杜拉她从一开始就彻底爱上了父亲时,她像往常一样不置可否地说:"我记不起来了。"但她很快也说了一个发生在7岁堂妹身上的类似情况。她说,自己常常在她身上看到童年的影子。在又一次目睹父母的激烈争吵后,她悄悄对来访的杜拉说:"你绝对想不到我有多恨这个人【指母亲】!她要是死了,我就嫁给爸爸!"每次患者的想法印证我的观点,我都习惯于把它视作她在潜意识之中对我的肯定。从潜意识之中,我们只能得到这样的肯定,而否定在其中根本不存在。

【1923年补注:潜意识还有另一种奇特但可靠的肯定表达,只不过当时我并不知晓这一点。患者大喊"我没那样想过"或"我可没想到这一点",其实是在说:"没

错,我在潜意识之中就是这么想的。"】

这种对父亲的爱,多年以来并未外露;相反,她反而跟那个将她从父亲身边挤开的女人来往紧密,甚至还像她自述的那样,为她和父亲交往创造有利条件。但这种爱近来又出现了,所以我们不禁要问,究竟是什么原因使她重燃旧爱。它显然是一种反向症状,其目的是压抑在潜意识之中更为强大的另一些冲动。

我最先想到的是,对K先生的爱或许是她竭力压制的对象。我必须假定她依然爱着K先生,但自从发生湖边的事情后,她出于某些未知的原因,重新陷入了内心的挣扎。为此,她不得不重拾对父亲的旧爱,希望借此摆脱那场让她感到难堪的爱情,不让它在青春的意识中留下痕迹。

于是,我对使她精神错乱的冲突有了更为深入的了解。一方面,她十分后悔拒绝K先生的求爱,她其实渴望他的陪伴,享受他的示好;另一方面,包括自尊在内的一些原因迫使她做出反抗，使她无法投身于柔情和渴望之中。于是她劝服自己说，我已经不爱K先生了——这是她在典型的压抑过程中得到的收获。但由于这股爱意依然不断涌向意识之中，她为了自我保护，只能以更为夸张的方式重新唤起儿时对父亲的爱。至于她的嫉妒和怨恨，似乎还有别的决定因素。【这一点我们稍后再谈。】

不出所料，我的解读果然遭到了杜拉的强烈反对。在向患者揭示其意识感受背后被压抑的思想之后，他们的否定无非只是压抑作用及其坚定性的表现，是衡量其强烈程度的标尺。如果不把这种否定视作客观的判断——实际上，患者也没有能力作出客观判断——而是忽视它的存在，继续我们的工作，那么，我们很快就会找到证据，证明这种情况下的否认其实是一种肯定。

杜拉也承认，她其实并没有那么生K先生的气。

有一天,她和一位表姐一起出门,在街上遇到了K先生。表姐不知道K先生是何许人也,只是惊叫道:"杜拉,你怎么了?你看上去脸色苍白!"当时,她并没有感觉到自己有什么异样。但我告诉她,一个人的面部表情和情绪表现其实更受潜意识而不是意识控制,所以,它也更容易暴露潜意识中的思想。【参见"我安静地看着你出现,又安静地看着你离开"。】另一次,她在过了几天开心日子后突然闷闷不乐,但又想不出原因,于是来向我求解。她说,今天她心烦意乱,本来应该去为叔叔庆祝生日,但不知为何,她就是不愿去道贺。我也找不到原因,于是就让她继续说下去。这时她突然想到,那天也是K先生的生日。我当然没有错过机会,正好借机说服她相信我的观点。同样,几天前她过生日时收到了一大堆礼物,但却并不感到开心,也就不难解释了。因为这一次,她没有收到K先生的礼物;而在从前,K先生的礼物总是最贵重的。

尽管如此,在很长一段时间里,她依然驳斥我的说法。直到治疗即将结束时,我终于找到了决定性的证据,证明我的观点正确无误。

接下来,我还需考虑另一种困难。如果我只是像作家那样,在小说中构建了这样一种心理状态,那我绝不会如此多虑。但作为一名医生,我必须抽丝剥茧,将情况逐一分解。我们此前已经分析了杜拉身上戏剧化的矛盾冲突,但我接下来要阐述的内容,将再次使一切变得模糊不清。作家们当然有理由对素材进行筛选,但这么做必然导致对心理状况分析的过于笼统和简化。而我在这里努力还原的实际情况,往往包含多种动机,是各种心理冲动的积聚和结合。简单来说,它具有多种决定因素。除过分关注父亲和K夫人的关系之外,杜拉身上还隐藏着一股吃醋的冲动,其作用对象是K夫人——这样的冲动,必然以同性恋倾向为基础。我们早就知道,在处于青春期的男孩和女孩身上观察到同性恋倾向,是一件十分正常的事情。此前,我们也曾多次强调这一点。女同学之间的友谊,往往会伴随有誓言、亲吻和永远保持联系的承诺,她们也往往十分敏感,常常为了彼此争风吃醋。在疯狂爱上初恋对象之前,这种现象在她们身上十分普遍。在合适的情况下,这股同性恋倾向会逐渐彻底消失。但她们如果没能顺利爱上某位男子,那在接下来的几年里,同性恋倾向又会被重新唤醒,并上升到特定高度。如果这种情况在健康人身上也能正常产生,那么相较常人有着更多倒错倾向的精神病患者,就更具有强烈的同性恋体质。

这一点确凿无疑,因为在对男女患者做精神分析时,我每次都要将相当重要的同性恋因素考虑在内。在女歇斯底里症患者身上,针对男性的力比多往往会遭到强烈的压制,而针对女性的力比多反倒会被作为替代物所加强,甚至部分进入意识之中。

这个话题其实十分重要,也是理解男性歇斯底里症不可或缺的前提。在此，我不再深入探讨它，因为还没等我搞清这方面的关系，对杜拉的治疗就中止了。但我还是想到了那位家庭女教师，起初她俩亲密无间，直到后来杜拉发现，家庭女教师善待她不是因为她本人，而是为了讨好她父亲。于是，她迫使女教师另谋生计。此外，她还经常提到另一个因某种神秘原因与他人疏远的例子，并强调它的重要性，这也引起了我的注意。她跟上文中成为新娘的那位小表姐一直心意相通，无话不谈。在那次中断的湖边之旅后，杜拉的父亲又一次打算去 B 城，杜拉自然拒绝陪同，于是父亲就邀这位小表姐同行，对方也欣然同意。从此，杜拉就开始对她冷漠。小表姐在她心里突然成了可有可无的人物，这一点就连她自己也感到奇怪，因为她也承认，自己其实对小表姐并没有太多不满。

这一敏感表现，促使我追问：在与 K 夫人闹翻之前，她俩的关系究竟如何？于是我听说，多年以来，年轻的K夫人和尚未成年的杜拉一直亲密无间。杜拉住在K家时，和K夫人同床共枕，而K先生反倒被赶去别处睡觉。她是K夫人的闺蜜，K夫人在婚姻生活中遇到任何问题，都会征求杜拉的建议。在希腊神话中，美狄亚（Medea）乐于让克洛伊萨（Kreusa）照管她的两个孩子，也不禁止孩子们的父亲与克洛伊萨来往。既然K夫人说了她丈夫那么多坏话，杜拉怎么还会爱上他呢？这是一个有趣的心理问题，要解决它只需明白一点：在潜意识中，各种思想可以和平共处，就连矛盾的观点也能相安无事，而且这种状态往往还能在意识中得到保留。

杜拉每次说到K夫人时，都会赞美她"雪白迷人的身体"。她说话的口吻，更像是一个爱人，而非被打败的情敌。另一次，她跟我说父亲送给她的礼物肯定是K夫人挑选的，因为她认得这种品味。她说这话的语气，更多是忧伤，而非愤恨。还有一次，她也确信自己收到首饰，背后正是K夫人的指点。因为这件首饰和K夫人的某件首饰很像，并且杜拉当初见到K夫人的那件时，曾明确表示自己也想有这么一件。

不得不说，我从未听见她言辞激烈地指责过K夫人。在她那些挥之不去的念头里，K夫人应当是不幸的始作俑者。她的行为前后不一，而这种不连贯性，恰恰是她情感波动的表现。要知道，那位深受她喜爱的闺蜜又是怎么对她的呢？在杜拉控诉K先生的不轨行为后，父亲写信给K先生要求解释。K先生在回信中强调自己一直很尊重杜拉，并表示可以到工厂所在的城市澄清误会。几周后，当杜拉的父亲在B城和K先生对质时，后者不再提"尊重"这样的字眼。他开始贬低杜拉，最后还打出了一张王牌说："一个读那种书、对那种事情感兴趣的女孩，不值得男人的尊重。"

这肯定是K夫人出卖了她，并在背后说她的坏话，因为她只和K夫人谈起过曼特加扎以及那些让人脸红心跳的问题。所以，K夫人简直就是那位家庭女教师的翻版：她向杜拉示爱，并不是因为她本人，而是为了讨好她父亲。为了不妨碍自己和杜拉父亲的关系，K夫人毫不犹豫地出卖了她。或许，相比父亲牺牲她的行为，这种伤害才更刺痛她，也给她带来了更为严重的病理影响。她一直回想不起自己性知识的来源，这是否表明遭人指责以及遭闺蜜背叛，已经对她造成了严重的情感伤害？

所以我坚信，杜拉以夸张的方式抓住父亲和K夫人的关系不放，不仅是为了压制自己对K先生的爱，【这种爱已经进入了意识之中。】同时也是为了掩饰自己深埋在潜意识中的对K夫人的爱。让杜拉感到纠结的念头，恰恰与后一种想法直接矛盾。她反复告诫自己，父亲为了K夫人而牺牲了她；所以，她要闹出许多动静，阻止K夫人占有父亲。而她要掩饰的内容恰恰相反：她不能容忍父亲享有K夫人的爱，也不能容忍K夫人对她的背叛。在潜意识中,女性的嫉妒冲动和男性的嫉妒冲动合为一体。男性的,或者更准确地说,是厌弃女性的情感思绪正是歇斯底里症女孩潜意识爱情生活的典型表现。

第一个梦

分析治疗中涌现的素材，或许能揭开杜拉童年生活的疑点。就在我们有望成功之时，杜拉告诉我她做了个梦，而且这个梦已经重复出现了好几次，上一次出现是在几天前。这个梦因其反复出现的特征，成功地唤起了我的好奇心。为了取得更好的疗效，我们应当在分析过程中将这个梦考虑在内。于是，我下决心对这个梦做深入研究。

第一个梦：一座房子失火了。【在我的追问下，她说自己家里从未失过火。】父亲站在我床前，把我叫醒。我连忙穿好衣服。母亲还想去抢救她的首饰盒，可父亲却说："我可不想自己和两个孩子因为你的首饰盒被活活烧死。"我们连忙朝楼下跑去，一到外头，我就醒了。

因为这个梦反复出现,所以我自然会问她,第一次做这个梦是在什么时候。她的回答还是"我不知道"。但她记得,这个梦曾在L地【K先生求爱的湖泊所在地】连续重复过三晚,几天前又重新出现。【梦的内容已经证实,它最早在L地出现。】梦和L地之间存在的联系,也让我看到了解开谜团的希望。不过,我想先知道究竟是什么原因,使得这个梦重新出现。这时候,杜拉已经从此前的一些小案例中见识过释梦的技法;因此,我要求她将梦分解,告诉我她都想到了什么。

她说:"我是想到了点什么,但这不可能和梦有关,因为它是刚发生的,而这个梦我已经做了很多年了。"

"没关系,说就好了。说不定这就是和近来的梦产生联系的事物。"

"是这样的:父亲这几天刚跟母亲吵了一架,因为母亲总是在夜里锁上餐厅的门。我哥哥的房间没有自己的出口,必须经由餐厅出入。父亲不想哥哥在夜里被一个人关在里头。他说这可不行，晚上可能还会发生点什么，这时人们必须赶紧离开。"

"所以这才让你想到了房屋失火？"

"没错。"

我请她记住自己的原话。之后我们或许还用得上。她说的是：晚上可能还会发生点什么，这时人们必须赶紧离开。【我之所以摘录这句话，是因为它若有所指，很是让我生疑。这番话难道不是用来形容某种身体需求的吗？这种一语双关的话，就像联想过程的"开关"。如果把开关拨到另一边，采纳与梦中表象不同的解释，或许就能顺利找到隐藏在梦背后的思想。】这时杜拉终于发现，在这个梦从前和现在的诱因之间，的确存在联系。她继续说道：

"当年我和父亲去L地时，他曾经说过自己担心火灾。我们到达时正下着雷雨，而那座小木屋没有装避雷针。所以他有这种担心，也是很自然的。"

接下来我要做的，就是把L地发生的事情和当时的梦联系起来。于是我问："您是在到L地的头几天做了这个梦，还是在离开前最后的那几天？也就是说，梦究竟发生在湖边的那件事之前还是之后？"【我知道，湖边的事情不是在杜拉到L地的当天发生的。而且事发之后，她还在L地逗留了几天，对那件事只字未提。】

她先是回答："我不知道。"过了一会儿又说，"我觉得是之后吧！"

于是我知道，这个梦是对那件事情的反应。但它为什么重复出现三次呢？我继续追问："事后，您又在L地待了几天？"

"四天，第五天我就跟父亲一起走了。"

这下我确信，这个梦就是对K先生求爱所造成的直接影响。在那件事发生后，她才做了这个梦。她故意回忆得不太确定，正是为了模糊这段记忆。【参见第一章开头关于回忆的论述。】但梦和停留天数在数字上还不够吻合。如果她又在 L 地待了四个晚上，那这个梦完全可以重复四次。或许情况正是如此？

她不再反驳我的观点，只是对此避而不答，继续说【要回答我的问题，必须引入新的回忆素材】："那天中午，我和 K 先生游湖回来。当天下午，我像往常一样躺在卧室的沙发上小睡片刻。中间突然惊醒，看见 K 先生站在我面前……"

"就像您在梦中看到父亲站在床前那样？"

"嗯。我质问他究竟要干吗。他说，这是他的房间，他想来便来，谁都阻拦不了；何况，他要回来拿点东西。从此，我就对他有了戒心。我向 K 夫人要来卧室的钥匙，第二天早上梳妆打扮时，我就把房门给反锁了起来。可等到我下午打算锁门小憩时，钥匙却不见了。我敢肯定，是 K 先生把它拔走了。"

所以，这里又出现了是否锁门的问题。杜拉在分析这个梦时，最先想到的也是这一点，而且它也凑巧诱发了近来的梦。【我猜测,杜拉梦见这个主题,还是因为它的象征意义。在梦中,房间往往代表"闺房"。闺房是"开着门"还是"关着门",可不是一件随便的事情。而且大家其实都很清楚,开门的究竟是哪把"钥匙"。但这一切,我没有告诉杜拉。】梦中"我连忙穿好衣服",是否也与此相关呢?

"当时我就决定,如果父亲不在身边,就不和K先生待在一起。接下来的这几天里,我因为害怕在梳妆打扮时被K先生吓一跳,总是匆忙穿戴整齐。父亲住在宾馆里,K夫人总是早早出门,陪父亲外出游玩。好在从那以后,K先生没有再来纠缠过我。"

"我明白了。您在第二天下午就决心摆脱他的纠缠。在那件事发生后的第二天、第三天和第四天晚上,您又在梦中重申了这一决心。在第二天下午,也就是在做梦之前,您就料到自己在第三天早上换衣服时也得不到钥匙。所以您在梦中打算尽快穿衣。您的梦之所以每晚重复，是因为它符合您的意图。意图在得到贯彻之前，会一直存在。您对自己说'要是不离开这座房子，我就日夜不得安宁'。在梦中，您其实就是换了一种说法'一到外头，我就醒了'。"

这里，我要暂时中断对治疗的记录，将对这个梦的解析和梦的普遍形成机制做一番比较。我曾在《梦的解析》中指出，每个梦都是愿望的满足，如果这一愿望遭到压抑、属于潜意识之中，那么梦中的表述就会稍显隐晦。除了孩童的梦之外，只有来自潜意识或根植于潜意识之中的愿望，才能促进梦的形成。我相信，如果我仅仅满足于说每个梦都有意义，这层意义可通过特定的解析工作揭示，那必然能得到普遍的认可。我还可以说，在解析完成后，每个梦都代表了一种思想，而这种思想必然在清醒的心理状态下占据一席之地。这种梦的意义，和清醒时的思考一样，有着多重意义。它可以是愿望的满足，可以是现实的恐惧，可以是延伸到睡眠中的思绪，可以【像杜拉的这个梦一样】体现一种决心,甚至还可能是睡眠中完成的一些精神创造。这样的表述很好理解,所以也容易被接受,而且还有许多完美的例子【如此处分析的梦】可为其提供支撑。

可我却给出了一个普适的论断,认为梦的意义只有一种,那就是愿望的表达。这一说法招致普遍的反对。但我不能为了让读者接受,就去简化心理过程。我既没有权力,也没有义务这么做。如果复杂的心理过程对我的研究造成了困扰,那我必须在别的地方找到解决办法,证明我的论断具有统一性和普遍性。所以,尽管杜拉的梦看上去只是日间残念在睡眠中的延续,但我依然要不遗余力地证明它不但不是例外,反而可以再度证明我的观点准确无误。

这个梦还有许多需要解析的地方。我继续问:"母亲想要抢救的首饰盒又是怎么回事呢?"

"母亲很喜欢首饰,父亲给她买了很多。"

"那您呢?"

"从前我也喜欢首饰,但自从生病就再没戴过。四年前,也就是那个梦出现的一年之前,父母曾因为一件首饰大吵了一架。母亲想要特定的一件首饰,一副珍珠耳坠。可父亲却不喜欢这种东西,转而给她带回一个手镯。母亲很生气,冲父亲发火说:"你花了那么多钱,却买了我不喜欢的东西,不如干脆拿去送给别人吧!""

"所以您想,不如就送给我吧?"

"我不知道。【这是她要承认被压抑的事物时所惯用的口头禅。】我完全不知道母亲是怎么进入梦中的。她没跟我们一道去 L 地。"【杜拉对释梦的规则相当熟悉,但这句话却暴露出她在这方面还存在彻底的误解。她说话间的犹豫以及下文中对首饰盒问题的探讨都向我表明,这里所涉及的材料遭到很大力度的压抑。】

"我之后再给您解释。关于首饰盒,您还能想到别的吗?到目前为止,您一直在谈论首饰,而不是盒子。"

"嗯，K先生在不久前曾送我一个价值不菲的首饰盒作为礼物。"

"所以，还礼也就是理所应当的了。您可能也知道，'首饰盒'可能跟您不久前用小手提包【下文我们将详尽讨论这个小手提包】来暗示的东西是一回事，它们都象征着女性的生殖器。"

"我就知道您会这么说。"【这是撇清和从潜意识中得来的知识的关系时的常用做法。】

"也就是说，您其实清楚这一点。这样一来，梦的意义就更加明确了。您对自己说：这个男人在追逐我，他想进入我的房间，我的'首饰盒'面临危险，要是发生什么不幸，那都是父亲的错。所以，您在梦中制造了一个相反的场景：在危险出现后，父亲把您给救了。在这一部分梦中，一切都表现为其反面。稍后您将听到原因。这个梦最让人摸不到头脑的是母亲的出现。她是怎么来的呢？您也知道，她曾是您的竞争对手，你们一道在父亲面前争宠。在手镯那件事上,您愿意接受母亲拒收的东西。现在,不妨用'给予'替代'接受',用'拒给'替代'拒收'。也就是说,您准备好给予爸爸母亲拒给的东西,而这样东西恰恰和首饰有关。【稍后,我们还将结合整体内容,对耳坠进行分析。】现在,我们再来看K先生送您的那个首饰盒。从这时起,许多想法在您心里同时存在。K先生取代您父亲,站在了您的床边。他给您送首饰盒,而您打算把您的'首饰盒'回赠给他,这就是我之前提到'还礼'的原因。在这个念头中,当时同在L地的K女士取代了母亲的位置。所以,您其实是准备给予K先生K夫人拒绝给的东西。正如我在这个梦出现之前跟您说过的那样,您唤醒对父亲的旧爱,实际上是为了抵御自己对K先生的爱。但所有这些努力都说明了什么呢?您害怕的不仅是K先生,还有您自己。您害怕自己会经不住诱惑,真的委身于K先生。这恰恰证明,您有多么深爱K先生。"【我又补充道:"另外,从这个梦近来重现推断,您已经意识到了这种情形的到来,并决定放弃治疗。毕竟,只是父亲强迫您来的。"——事实证明,我的猜测十分准确。我的解析刚刚涉及具有极大理论意义和实践价值的"移情作用",可惜在这篇文章中,我将很少有机会深入探讨这一现象。】

杜拉当然不愿接受这一解析结果。

但我决定将梦的解析继续下去。这样做既有助于了解杜拉的既往病史,又有助于发展梦的理论。我允诺在下一次见面时告诉她解析结果。

我始终对她那番意味深长的话难以忘怀。【她说晚上可能还会发生灾祸,这时人们必须赶紧离开。】何况在我看来,这个梦没有解释完全,因为还有一个要求没有得到满足。虽然我并不一贯坚持这一点,但如果它能够得到满足,自然是最好不过。一个完整的梦由两方面因素引发,新近出现的诱因是其一,造成严重后果的儿时经历则是其二。梦在这两者【儿时的经历和现在的经历】之间建立联系，试着按照过去的样子塑造今天的模样。生成梦境的愿望，永远来自童年；它不断把童年唤入现实，照着它的样子修正现在。我相信，梦中那些暗指童年经历的元素，其实已经再清楚不过。

在分析此事之前，我做了一个屡试不爽的小实验。桌上正好放着一大盒火柴，于是我请杜拉看看桌上是否放着一些不同寻常的物件。她什么都没发现。于是我问她是否知晓人们禁止小孩玩火柴的原因。

"知道，是因为害怕火灾。我叔叔的孩子就很爱玩火柴。"

"不只如此。当人们警告孩子'不要玩火'时，其实还附带着某种特定的想法。"

她说不知道。

"其实，人们是害怕小孩玩火后会尿床。这或许和'水'与'火'之间的对立有关。这可能是因为他们梦见了火，所以想用水去浇灭它。对此，我也不敢肯定。但我注意到，水与火的对立在您的梦中起到了重要作用。您母亲想要抢救首饰盒，以防它被烧毁；而在梦的思想中，这就变成了防止'首饰盒'变湿。而且，'火'不仅是'水'的对立面，也是爱情和被爱灼烧的直接象征。从'火'出发，我们可以找到两条道路：一条路通往爱情的象征意义，另一条路则经由与它对立的'水'，通往某个方向。同时，这条路又会分出一个支线，并与爱情产生联系。【因为爱情会让人变湿。】那这第二条路究竟通往哪个方向呢？您不妨想想自己的话：晚上可能还会发生灾祸，这时人们必须赶紧离开。这是否意味着一种身体的需求呢？如果把灾祸放到童年的语境中，那它不就只能是尿床吗？那人们怎么防止孩子尿床呢？不就是在晚上把他叫醒吗？这正是梦中父亲对您所做的事情。正是因为这个原因，您才在梦中用父亲替代了将您从睡眠中吵醒的 K 先生。我必须推测，您小时候比其他孩子更饱受尿床之苦。您哥哥也是一样，因为梦中父亲说：我可不想两个孩子……被活活烧死。除此之外，您哥哥和K先生的事情再无瓜葛，而且他也没有一道去L地。现在，您都回想起了些什么呢？"

"我不知道自己是什么情况，"她回答说，"但我哥哥直到六七岁还在尿床。有时候，他白天也会把自己尿湿。"

我正想提请她注意，回忆哥哥的糗事远比回忆自己的事情容易，她却突然想起了什么，继续说道："嗯，我也一样。在我七八岁的时候有过一阵这样的情况。当时的情况肯定很糟糕，我记得父母甚至都去咨询医生了。这件事发生在我患上神经性哮喘之前没多久。"

"那医生是怎么说的呢？"

"他说这是神经衰弱，之后会自己好的，就给我开了点补药。"【这个医生是她唯一信赖的人。因为这次经历让她明白，只有他不会刺探她的秘密。至于其他医

生如何,她无法判断,只是对他们感到害怕,担心他们猜到她的秘密。】

在我看来,梦的意义这下总算完整了。【这个梦的核心思想是:诱惑太过强烈,亲爱的父亲,请再保护我一次,就像小时候防止我尿床那样。】但第二天她又对梦的情境做了一些补充。她忘记说的内容是,每次做完梦醒来都会闻到烟味。烟味和火相关,而且似乎也说明这个梦和我存在特殊的关联,因为每当她说自己没有事情瞒着我时,我常常反驳她说:"无火不生烟。"但她却不同意我这种私人化的解析,指出 K 先生和她父亲都跟我一样,有着严重的烟瘾。在湖边时,她也曾吸过烟,就在 K 先生求爱不成之前,还曾给她卷过一支烟。她甚至还记得,这股烟味不是新近才出现的。在 L 地三次做梦时,她就曾闻到过烟味。由于她不愿透露更多的信息,我只能自己尝试把补充信息纳入梦的思想之中。有一点或许能为我提供依据:这种闻到烟味的感觉,是她后来补充的内容；也就是说，她必然克服了特别强烈的压抑作用。所以，这种感受可能和梦中最模糊、被压抑得最深的思想相关，那就是委身于K先生的愿望。它的内容，几乎只能是对接吻的渴望，因为和吸烟的人接吻，必然会感受到烟味。两年前，K先生就曾强吻过杜拉；如果她接受K先生的求爱，肯定会反复和他接吻。所以，诱惑似乎追溯回了从前的场景，唤起了对那次强吻的回忆；为了抵御这一诱惑，杜拉感到一阵恶心。由于我也吸烟，假如把治疗过程中的种种移情迹象综合到一起，那人们将发现：在某次治疗过程中，她可能产生了让我亲吻她的愿望。这或许才是旧梦重现的原因：她借此警告自己，并由此下定了中断治疗的决心。这一切似乎合情合理，但由于"移情作用"的特殊性，我们肯定找不到相应的证据。

现在，我开始犹豫究竟是先介绍这个梦对理解该病例的启示，还是先解决它与梦的理论存在出入的地方。

最后，我选择了前者。

研究神经症患者早年尿床行为的意义，是一件很有必要的事情。为了理解方便，我只强调一点：杜拉的尿床，不是一种寻常的现象。按照她的说法，尿床并非在正常的尿床期后一直持续，而是消失了一段时间，却又在较晚时期【6岁以后】重新出现。据我所知，手淫是最可能引发这类尿床的原因。而在尿床的病源学中，这一点尚未引起足够重视。根据我的经验，孩子们其实清楚其中的关联；随之而来的一切心理后果，都以他们永远不曾忘记这层关系为前提。在她讲述完这个梦之后，我也乘机询问了这一点，而她也直接承认儿时有过手淫行为。此前，她曾向我抛出一个问题：为什么生病的偏偏是她？还没等我给出答案，她就把一切都怪罪到了父亲身上。出乎我意料的是，杜拉很清楚自己父亲患的病属于什么性质。一次父亲就诊回来后，她偷听了一场谈话，听到了这种疾病的名字。再早一些时候，就是父亲视网膜脱落时,一位被请来问诊的眼科医生就曾暗示这种病因梅毒而起。这个既好奇又为父亲感到担忧的女孩,曾听见一位老姑母对母亲说:"他结婚前就有病了。"后来,她还说了一些杜拉听不太明白的话。总之,这件事情大概不是很光彩。

父亲因为轻浮放荡,身染梅毒;而杜拉认为,是他把疾病遗传给了她。我其实跟她持同样观点,却一再避免让她知道。正如前文所述,梅毒患者的后代天生就容易患上严重的心理神经症。对父亲的控诉,也贯穿了所有潜意识素材。有那么几天时间,她持续模仿母亲的小症状和特征,并活灵活现地装出一副不堪忍受的样子。后来她告诉我,这让她联想到了一次和母亲的弗朗岑斯巴德之旅。这一行程究竟发生在哪年,她已经记不清了。当时,母亲下身疼痛,并伴有脓液流出,这是黏膜炎的症状,必须去弗朗岑斯巴德接受治疗。她认为,这种疾病来自父亲,是父亲把他的性病传染给了母亲——这可能又是对的。她在得出这个结论时，肯定和大多数外行一样把淋病和梅毒搞混了，弄不清它们是否能通过性交传播。她坚持模仿母亲的行为，几乎快让我问她是否也患有性病。后来我知道，她也饱受黏膜炎【白带】之苦；至于这种情况是什么时候开始的，她已经记不清了。

现在我明白，她大声控诉父亲的背后隐藏着自责。为了迎合她，我让她确信一点：在我看来，年轻女子的白带主要指向手淫；其他可能引发白带的诱因，也都与手淫有关。【1923年补注：这一观点过于极端，现已被我摒弃。】她那个为何偏偏是她患病的问题，完全可以用童年时的手淫来解释。但她却坚决否认，说自己完全回忆不起这样的事情。但几天后她的表现，在我看来就与承认手淫无异。恰恰是在那一天，她拎了一个时下流行的小钱包。她一边躺着跟我说话，一边来回把玩这个没有背带的小包。只见她打开钱包，伸进去一根手指，又将包合上。她不停重复这个动作，我盯着她看了一会儿，接着给她解释什么是"症状性行为（Symptomhanddlung）"。【参见我论述"日常生活的心理病理学"的文章，载《精神病和神经病月刊》，1901年。】症状性行为，是人们无意识的自主行为和不经意间做出的动作，一切就像在玩游戏一样。他们不会承认这些动作的意义，在被问及时，往往会说这不过是无关紧要的意外。但经过细心观察发现，这类意识不知晓或不愿知晓的行为，恰恰是潜意识思想和冲动的表现。作为被允许进入意识的潜意识行为，它们的出现对我们有着重要的启发作用。在这类症状性行为面前，存在两种意识表现。如果能为它找到不显山露水的理由，那人们就会注意到它的存在；如果在意识面前找不到合适的借口，那人们通常不会记住自己做过这样的事情。杜拉毫不费劲地找到了这样的理由："这种包这么流行，为什么我不能拎一个？"这样的辩护，并不能证明上述行为没有潜意识来源。但从另一方面看，我们赋予这个行为的来源和意义,无法被准确地证实。所以我们只能满足于指出:这种意义十分符合目前的情形,也契合潜意识的运作规则。

我将另觅时机,介绍健康人和神经症患者身上的一系列症状性行为。有时候,这种现象很容易解析。杜拉的小包由两瓣组成,呈贝壳状,它代表的必然是生殖器。她玩弄包的行为【将它打开,伸手指进去】完全就是以随意却肯定的方式,像演哑剧一样告诉我她在做什么:她在手淫。不久前,我也曾遇到类似的有趣案例。一位老妇人在治疗进行中,突然掏出一个象牙小盒。她说自己只想吃颗糖润润嘴,却怎么也打不开盒子,后来还把它递给我,使我相信这个盒子的确很难打开。我说出了我的怀疑:这个盒子应该有着某种不同的意义,虽然它的主人已经在我这儿看病一年有余,但我还是头次见她拿出盒子。那位老妇人连忙说:"这个盒子我一直带在身边。我走到哪儿都带着它!"在我笑着指出她这番话很像另有深意之后,她才恢复了平静。盒子【英文作box,希腊文作πυξίς】就跟小钱包和首饰盒一样,都是女性性器官阴蒂的象征。

生活中存在许多这样的意象,只是我们常对它们视而不见。在决心不再通过催眠这样的强制手段、而是仅凭察言观色探索人们隐秘之时,我高估了这项工作的难度。任何有眼能望、有耳能听的人,都会赞同凡人藏不住秘密。即便缄口不言,手指总会颤抖,甚至每个毛孔都在泄露秘密。因此,把心灵最深处的隐秘带入意识之中,或许完全是可行的工作。

杜拉玩弄小钱包的症状性动作,并非紧接着那个梦出现。她向我描述梦境的那次谈话,以另一个症状性动作为开端。见我走进候诊室,她连忙藏起正在读的信。我当然会问这封信究竟是谁写的。起初,她拒绝告诉我。后来我却发现,这件事其实与我们的治疗毫无瓜葛。这封信来自她祖母,在信中,祖母要求她多多回信。我认为，她其实只是装出藏有"秘密"的样子。这暗示她真正的秘密马上就要被医生发现了。她厌恶每个新遇见的医生，其实是害怕他会通过检查发现黏膜炎，通过问诊发现她尿过床，进而推导出她痛苦的根源，猜出她曾手淫。对于那些曾经被她高估的医生，她后来总表现得十分不屑。

她埋怨父亲让她患病，接着又开始自责；出现白带，玩弄小钱包，6岁后尿床，想要在医生面前隐藏秘密等现象，都确凿无疑地证明她曾在儿童期手淫。自从她开始模仿大表姐【参见前文】，成天抱怨自己胃痛，我就隐约猜到了这一点。众所周知，胃痛常见于手淫患者。威廉·弗里施（W. Fließ）曾在私底下告诉我，这种胃痛可通过将可卡因塞入鼻子中的"胃点"抑制，并通过蚀镂治愈。

杜拉特意告诉了我两件事情：第一，她自己经常犯胃痛的毛病；第二，她有足够的理由认为，大表姐也经常手淫。患者往往可以认清他人身上的状况，却因为情感阻碍，对自己的状况视而不见。后来，她虽然依旧没有回忆起任何东西，但不再否定我的猜测。

此外我认为，尿床的时间节点——它"发生在患上神经性哮喘之前没多久"——在临床上也值得我们注意。当孩子们还在手淫、尚未开始禁欲时，歇斯底里症状几乎不会出现。【成年人的情况也大致如此。但是，禁欲或节制手淫，也可能引发歇斯底里症状。所以，一个人如果力比多过盛，可能会同时出现手淫和歇斯底里症。】它替代了手淫的满足，因为人们在潜意识之中依然有手淫的需求，直到它被正常的满足途径所替代。即便如此，手淫的习惯依然可能会被保留。这决定了歇斯底里症可能通过婚姻和正常的性交治愈。如果婚姻受性交中断、心理障碍等因素所累，不再能让患者得到满足，那力比多又会重拾旧路，再度表现为歇斯底里症状。

我还想搞清楚杜拉究竟是在什么时候，因为何种特殊原因放弃了手淫。但因为这次精神分析并不完整，所以我只能提供一些零星的素材。我们知道，杜拉的尿床一直持续到首次呼吸困难症发作前不久。对于这一新症状，她唯一的解释是，当时是父亲病情好转后首次出远门。我们必须在这一小段回忆中，找到呼吸困难症的病源。通过对症状性行为和其他一些现象的分析，我有足够的理由认为，杜拉的卧室紧邻父母的卧室，她一定在晚上偷听过父母的性事，听到了平时就呼吸急促的父亲在性交时的喘气声。孩子们总能从这一神秘的声响中，猜到它与性相关。性兴奋的表达方式，是一种与生俱来的机理，潜伏在他们身上。

我在几年前就曾指出，歇斯底里症和恐惧性神经症的呼吸困难和心悸现象，都脱胎于性交行为。在许多案例中，我都能成功地把呼吸困难和神经性哮喘的原因追溯到偷听成年人性交上来。杜拉的情况也不例外。由于当时所受的种种刺激，她的性欲发生了变化，恐惧倾向替代了手淫倾向。后来父亲不在家,深爱着他的杜拉盼他回来,就以哮喘发作的方式重复这种印象。伴随哮喘出现的恐惧思想,来自她对疾病诱因的记忆。

她第一次得哮喘,是去山上游玩劳累所致,当时她可能真的感觉呼吸困难。由此,她联想到父亲因为胸闷气短,被禁止爬山,并不得从事过于劳累的工作。可是,晚上他却在母亲那儿过于用力,这会不会对他造成伤害呢?接着,她又担心自己是否也过于劳累,因为引发性高潮的手淫让她呼吸困难。最后,这种呼吸困难反复出现,日益加剧,终于成为了症状。

上述素材部分是我分析所得,部分是我自己的补充。从证实杜拉手淫的过程来看,问题的材料只能从不同的时间、不同的情境中逐一收集。【在其他病例中,也有类似证据证实患者在婴儿期手淫。其迹象大多是相似的,包括白带、尿床、反复洗手等。从症状的特征中,我们可以推断手淫是否已被监护人发现,以及这一性行为究竟是在长期斗争后被戒除，还是突然消失的。在杜拉的例子中，她的手淫没被人发现就中止了（因为她藏有秘密，害怕被医生发现，转而用呼吸困难症替代）。即便在她回忆起曾得过黏膜炎，并受到母亲的警告（"这事有害，会让人变笨！"）之后，她依然极力否认这些证据的效力。但在一段时间后，对这段儿时性生活的回忆虽被压抑许久，依然会无一例外地浮出水面。我曾有过一位患者，她所有的强迫观念都是婴儿期手淫的直接后果。她会进行自我禁忌和自我惩罚，做一件事之后就不能做另一件，有时不能被打扰，有时完成一个手部动作后必须暂停片刻才能做下一个，有时需要反复洗手——凡此种种，都是监护人试图帮她戒除手淫时留下的习惯。"喂！这是有毒的。"这番警告，成为了她唯一的记忆。亦参见拙作《性学三论》，1905年。】

接下来，我们将探讨一些与歇斯底里症病源相关的重要问题：杜拉的病例是否代表歇斯底里症典型的致病原因？还是说，它只反映了其中一种致病模式？在我看来，还是应该在更多的类似病例被分析和公布后，再来回答这些问题。而且，我必须先对问题作出修正。我不想直接用"是"或"否"去回答"儿童期手淫是否是歇斯底里症病源"这一问题。首先，我们必须说明心理神经症的病源是一个什么样的概念。我回答这个问题的视角，和提问人的视角存在很大差异。对我们而言，能够确定儿童期手淫的存在，证明其并非偶然出现，也不是对病症形成无关紧要的因素，就已经足够了。【杜拉沾染手淫的习惯，肯定跟她哥哥不无关系。因为她曾经特意强调说，哥哥总是把各种传染病传给她，每次他都病得较轻，而杜拉却病得很厉害。这番话或许泄露了一种"遮蔽记忆"。在梦中，哥哥和杜拉一道，都是父亲想要拯救的对象。他也曾受尿床困扰，只是在杜拉之前停止了这一行为。她说，在第一次患病之前，她在学习上还能跟上哥哥的脚步;在那以后,她就渐渐掉队了。从某种意义上看,这也是一种遮蔽记忆。看起来,好像她之前是个男孩,生病后成了女孩。从前,她的确像男孩一样顽皮捣蛋;直到生过"哮喘"后,才变得安静端庄。这场病对她而言,就是两个性别阶段的分水岭;此前她具有男性特征,此后具有女性特征。】杜拉承认自己受白带困扰,弄清白带的意义,将有助于我们进一步理解她的症状。自从母亲因为类似的疾病去弗朗岑斯巴德就医之后,她也把自己的病称为"黏膜炎"。这个词也是一个"开关",它使得对父亲的一切怨念能以咳嗽症的形式表现出来。这种咳嗽最初当然因轻微的黏膜炎而起,但它更是在模仿父亲肺病发作的样子,并以此表达对他的同情和关切。另外,它也在大声向世界宣布:"我是父亲的女儿,我跟他一样身患黏膜炎。是他害我得了病,就像他害母亲得病一样。就是因为他,我才要这般受罪,接受疾病的惩罚。"她当时并未意识到这一点。【我在前文中，曾简要介绍过一位14岁女孩的病例。"黏膜炎"一词，对她也有着不凡的意义。我曾安排她和我诊所的护工同住。护工是位十分聪明的女士。她告诉我说，这位小患者上床睡觉时，绝对不允许她在场，而且她白天不咳嗽，一上床就咳个不停。当我询问这位患者时，她说自己只记得祖母从前是这样咳嗽的，而别人说她得了黏膜炎。于是我明白，她也得了"黏膜炎"，所以不想在晚上清洗下体时被别人撞见。这种在夜里由下往上转移的黏膜炎，甚至还有着不一般的强度。】

现在，我们可以试着把导致咳嗽和嘶哑的各种决定因素综合到一起。位于最底层的，是真实的、受机体影响的咳嗽刺激因素，它就像牡蛎孕育珍珠所需的那颗沙粒。我们可以直接指认出这种刺激源的具体位置，因为它作用于杜拉身上一个更容易受到刺激的身体部位。也正因此，它很适合表达力比多的兴奋状态。它因其第一层心理伪装而被指认出来，表现为对患病父亲的同情式模仿和因患"黏膜炎"而产生的自责。同样的这组症状,也反映了她与K先生的关系——她因K先生不在身边而感到遗憾,想取代K夫人,成为他更加贤惠的妻子。在一部分力比多转向父亲之后,这一症状又有了第三种意思:它代表了杜拉对K夫人的认同,以及由此产生的与父亲性交的愿望。但我不得不说,这一发展轨迹还并不完整。由于这次分析治疗戛然而止,我们无法在时间上紧跟意义转变的步伐,理清不同意义的先后顺序和共存情况。只有在完整的治疗过程中,我们才能弄清这些问题。

借此机会,我还想深入探讨杜拉的生殖器黏膜炎和歇斯底里症之间的关系。

在人们尚未对歇斯底里症做出心理解释以前,一些经验丰富的老同行认为,有白带的女性歇斯底里症患者如果黏膜炎变严重,往往歇斯底里症也会加剧,尤其会出现厌食和呕吐。谁都不清楚其中的因果关系,但我认为，大家还是倾向于相信妇科医生的观点，认为生殖器疾病会对神经功能产生直接的机体性影响。不过，心理治疗实验的结果却往往与之相背离。时至今日，我们依然无法将这种直接的机体性影响排除在外，但更容易证实的肯定还是它的心理伪装。女性常为自己的生殖器构造有种特殊的自豪感，如果它感染上引人反感的疾病，则会对她们造成莫大的困扰，进而损害她们的自尊心，使她们变得敏感、多疑、易受刺激。阴道黏膜的不正常分泌物，也是厌恶感的来源。

我们还记得，杜拉在被 K 先生强吻后，曾感到恶心难当。我们有理由相信，那是因为她在拥抱时感受到了对方勃起的阴茎，并根据这一认识对她的叙述进行了补充。我们还知道，那位因背叛而被她驱逐的家庭女教师，曾告诉她自己的经验之谈：所有男人都轻浮放荡，不值得信赖。对杜拉而言，那就意味着所有男人都与她父亲没什么两样。她可能认为，所有男人都有性病；她对性病的认识,来自身边唯一的个案。所以在她眼中,性病就被和恶心的分泌物联系在了一起。这不正是她在拥抱时出现恶心症状的又一大原因吗?这种一被男性触碰就恶心的感觉,其实就是上文所说的原始心理机制【参见小孩互相"回敬"骂词一段】的投射。这其中,罪魁祸首就是她的白带。

据我猜测,在这儿起作用的是横跨在机体关系之上的潜意识思考过程,它就像扎在铁丝上的花环。如果换一个场合,思想可能经由别的道路,完成从起点到终点的转变。但是,了解单独的思考路径,会对消除症状起到莫大的帮助。由于治疗提前中止,我们不得不对杜拉的案例作猜测和补充。我用来填补空缺的内容,来自另一些更为透彻的案例。

通过对梦的分析,我们获得了之前的推论。我们还发现,它也反映了杜拉带入睡眠中的意图。在这个意图得到满足之前,梦反复出现;若干年后,在类似的意图再次萌发时，这个梦也再次现身。

这个意图的内容，大致是这样的：我要离开这个会危及我贞操的地方，随父亲一道启程；早上梳妆打扮的时候，我要提高警惕，以免被人吓一跳。这些念头，都被梦清楚地表现了出来。它们属于在清醒时能够进入意识并占据主导地位的那类思想。在它们背后，还隐约存在着某种想法，它和主流思想相斥，所以遭到压抑。它最具代表性的内容，是委身于K先生，以此回报他多年来的爱与柔情；这一切，不禁让她想起了K先生给她的唯一一个吻。但根据我在释梦中总结出的理论，这些元素还不足以生成梦。梦不是意图的贯彻，而是愿望的实现，而且这个愿望往往来自童年。杜拉的梦是否有违我总结的规律，我有义务去检验。

这个梦的确包含了婴儿期的素材，虽然乍一看去，我们根本无法将"逃离K先生家"和"受他诱惑"这两件事情联系到一起。她为何会想起儿时尿床的场景，以及父亲为了让她保持身体清爽而唤醒她的努力呢?

或许我们可以这样回答这个问题:只有在这种思想的帮助下,她才能让抵御诱惑的意图占据上风,从而使自己免遭诱惑困扰。杜拉决定和父亲一起逃离此地。实际上,她为了躲开那个纠缠她的人,不得不向父亲求援。她唤醒了自己婴儿时期对父亲的喜爱,以此抗拒近来出现的对外人的爱。对她所遭遇到的危险,父亲也要承担一定责任;他为了自己的爱情,亲手把她送到了外人的手里。如果父亲只爱她一个人,能在危险面前保护她,那该多好啊!

真正促使梦形成的要素,可能是用父亲取代其他男子的愿望,它源自婴儿时期,长大后进入了潜意识之中。如果过去的某个场景和现在的场景类似,只是其中的人物有所不同,那它就会成为梦境的主要场景。

这样的场景的确存在:正如 K 先生不久前所做的那样,父亲也曾站在她床边将她唤醒,当时可能还亲吻了她。【K先生或许也打算这么做。】所以，逃离K先生家的意图本身不能构成梦，但当它和另一种基于婴儿期愿望的意图建立联系后，就有了这种能力。用父亲替代K先生的愿望，才是梦的助推力量。诸位应该还记得我之前的分析：杜拉执着于父亲和K夫人的关系，其实正说明她重新对父亲产生了幼儿般的喜爱，并以此压抑自己对K先生的爱。这一心理活动的转变，在梦中有所体现。

在《梦的解析》中，我曾探讨过日间残念【源自清醒状态，在梦中得以延续的思想】和构成梦的潜意识愿望之间的关系。接下来，我将原封不动地引用这段话，因为我没有需要补充的内容，而对杜拉这个梦的分析，也再次印证了它的正确性。

"不得不承认，许多梦的诱因往往部分或全部来自日间残念。例如，即便有成为副教授的愿望，但如果没有在白天担心过友人的健康状况，我仍然可以在当天晚

上安然入睡。【这段分析针对在《梦的解析》一书中提到的案例。】

"不过光是这份担心,还不至于生成梦。这一过程所需的推进力,必然来自某种愿望。担心的出现,也是为引出某个愿望,推进梦的产生。不妨打个比方:对梦而言,白天的想法就像一位企业家;他有想法,也有将它付诸实施的冲动,但如果没有资本,却也是巧妇难为无米之炊。他需要一位资本家承担这些费用。无论白天的想法究竟是什么,这个为梦提供心理资本的资本家,永远是潜意识愿望。"

杜拉用父亲取代 K 先生的愿望,并不是随便的童年回忆,而是与压抑诱惑相关最为紧密的素材。若对梦的精巧结构有所了解,就必然不会对此感到惊讶。杜拉无法纵容自己对 K 先生的爱,选择将它压抑而非为它献身;这一决定,显然和她过早体验到性乐趣以及由此带来的尿床、黏膜炎和恶心感紧密相关。

根据每个人体质条件的不同,这样的早期经验会在成年后引发两种不同的表现:要么不做任何抵抗,以变态的方式听从性欲的安排,要么谈性色变,直至身患神经性疾病。杜拉的体质以及所受的智力和道德教育,使她成为了后者。

我还特别想提请各位注意:通过对这个梦的分析,我们得以获知致病经历的细节。在一般情况下,这些素材根本不可能被记起,至少不可能被还原。正如本例所示,对儿时尿床的回忆彻底遭到了压抑。K先生纠缠她的细节,也从未见提起。她说,自己想不起来了。

最后,我再谈一谈这个梦的综合性。

梦的工作,始于事发后的第二天下午,也就是她发现房门没法上锁的时候。这时她想:我的处境真的很危险。于是,她决心不独自留在屋内,而要跟父亲一起离开。由于这一意图在潜意识中得到了延伸,它开始具备了形成梦的能力。

于是,她开始唤醒婴儿期对父亲的爱,以抵御现实的诱惑。她的这一思想转变被固置了下来,使得她对父亲和K夫人的关系充满了执念:她因为父亲和K夫人争风吃醋,好像自己真的爱上了父亲。在她的心里,委身K先生的诱惑和抵抗的愿望激烈交战。

后者主要由三方面内容组成:首先,出于维护名誉和审慎的考虑,她不能这么做。其次,家庭女教师的性启蒙【嫉妒,受伤的自尊,参见下文】使她对男人产生了敌意。再次,是神经质因素的作用:儿时的经历,让她逐渐对性产生了反感。她为抵御诱惑而唤醒的对父亲的爱,也同样来自儿童时期。

她在潜意识深处想要逃到父亲那里,而梦则让这一愿望得到满足。在梦中,父亲将她从危险中拯救了出来。实际上,父亲正是将她带入危险境地的人。但在梦中,这种会造成阻碍的因素被排除在外。此处受到压抑的敌对冲动【报复欲】将成为下文第二个梦的动力来源之一。

根据梦形成的条件,想象的场景必然重复儿时的情形。如果新近的场景,也即引发梦的场景被还原成过去的场景,那绝对是一大成功。这一成功完全依赖于随机出现的素材:K先生像小时候父亲常做的那样,在卧处将她唤醒。在梦境中,父亲取代K先生;这一转变,也很好地象征了她的心理变化。

但父亲叫醒她的原因,是防止她在半夜里把床尿湿。"湿"这个字,成了此后梦境的关键词。但在这个过程中,梦境只是对它不断进行暗示,或是表现为它的反面。

我们很容易发现,"湿"和"水"的反面是"火"和"燃烧"。在到达的那天,父亲正好说过自己担心失火。这部分决定了梦的内容:父亲从火灾中将她救出。梦中的画面,正是基于这一偶然因素以及"火"与"湿"的相对意义:失火了,父亲在床边将她唤醒。如果杜拉没有在心里把父亲当作救星和保护伞，父亲那番偶然的话语，肯定不会在梦境中起到如此重要的作用。"他一来就意识到了危险！他说的没错！"【实际上，正是他让杜拉陷入了危险的境地。】

在梦意中，"湿"因为很容易和其他内容产生关联，成为了许多念头的纽带。它不仅与尿床相关，也跟被压抑在梦境之下的性诱惑相关。杜拉知道，性交也会让她变湿，在交合时，男性会在女性体内射出某些液滴。她清楚这正是危险所在，自己必须谨防生殖器变得湿润。"湿"和"液滴"又与别的因素产生了关联，那就是令人讨厌的黏膜炎。对于成年的她而言，这就跟小时候尿床一样，让人无地自容。在这里，"湿"和"不洁"画上了等号。本应保持清爽的生殖器，因为黏膜炎而变得不洁。而且母亲的情况也跟她一样【参见前文】。她似乎明白了，母亲搞卫生成瘾，正是这种不洁所引发的连锁反应。

这两种联想汇聚到了一起：母亲从父亲那儿，同时得到了性的"液滴"和不洁的白带。她通过唤醒儿时对父亲的爱来实现自我保护，其实也与对母亲的嫉妒有关。但这些素材还不能以梦的形式表现出来。它们必须找到与两类"湿"都相关、但却不那么让人感到不快的记忆作为替身，才能在梦境中显现。

母亲所佩戴的首饰——耳坠[1]，就是一个这样的替代物。耳坠和两种性联想之间的关系，显然是浮于表面的，它与"Tropfen"一词多义有关。这个词就像一个开关，兼具两种意思。而德语中的首饰（Schmuck），在作形容词时也有"干净整洁"之意，这恰恰是"不洁"的反义词。实际上，在两者之间也可以找到最为牢固的内在联系。这段回忆，其实来自对母亲的嫉妒；它源自幼时，

---

1 这是因为德文中"Tropfen"一词既有"液滴"的意思，也有"耳坠"的意思。

但其实一直延续至今。正是因为有这两个词牵线搭桥，杜拉对父母性交、白带致病和母亲清洁成瘾的所有设想，都借由"首饰耳坠"给表达了出来。

不过，梦的内容还要进一步发生偏移。我们知道，得以进入梦中的，不是和"湿"意义更为相近的"液滴/耳坠"，而是相距更远的"首饰"。这样一来，反复出现的梦境完全可以是"母亲还想去抢救她的首饰"。而在实际出现的版本中，"首饰盒"取代了"首饰"。这又可以联想到 K 先生对她的诱惑。K 先生没有送过她首饰，但送过她一个首饰盒。这一物件代表了他对她的百般柔情，而这正是她应当回报的东西。于是，最后在梦中出现的"首饰盒"这一组合词，就有了更为特殊的含义。人们平时不也用"首饰盒"一词来形容未受损伤的女性生殖器吗？另一方面，这又是一个无害的字眼，十分适合在暗示这个梦背后存在性念头的同时，又将这一想法遮掩起来。

所以,"母亲的首饰盒"在梦中两次出现,它取代了儿时的嫉妒,也取代了性的"液滴"和不洁的白带。另一方面,它也代表了最新出现的诱惑以及她对未来性场景的设想。在诱惑面前,她欲拒还迎;对于性场景,她既期待又害怕。"首饰盒"这一元素,正是压缩作用和转移作用的结果;各种相互矛盾的念头,都在它身上得到了妥协。或许正是因为它有着多重来源——既来自婴儿时期,又有现实因素——它才在梦境中出现了两次。

梦是对刺激经历的反应,这番新近出现的场景,很容易让人联想到过去唯一类似的经历。在本例中,那就是在店里被强吻、由此引发恶心感的一幕。但是,这一场景也可能与其他情形发生联想,如黏膜炎和近来的诱惑。它在适应梦境基调的同时,也对梦境产生了自己的影响。失火了……那个吻,可能带有烟味;所以她也在梦中闻到了烟味,而且这种味道甚至一直延续到了苏醒之后。

在分析这个梦时,我由于一时疏忽,留下了一个漏洞。在梦中,父亲说:"我可不想自己和两个孩子……被活活烧死。"根据我们对梦意的分析,省略号所在的地方,或许应该填入"因为手淫的后果"。梦中的言语,通常是由现实中所说或所听到的话语组成的。我原本应该追问杜拉,这番话究竟从何而来。这番问询的结果,虽然会让梦的结构变得更为复杂,但也将帮助我们对梦产生更为清晰的认识。

我们是否可以认为,在L地的梦和在治疗中重新出现的梦内容一模一样呢?这可不一定。经验表明,人们常说自己做了同一个梦,但实际上梦在重复时,许多细节以及其他内容都会产生变化。一位患者曾告诉我,她昨天夜里又重温了一遍那个她最爱的梦。她梦见自己在碧海中游泳,与海浪嬉戏……但进一步研究发现,虽然这些梦有着相同的背景,但每一次做梦的细节都不尽相同。有一次,她甚至梦见自己在冰山的包围下,在刺骨的海水中游泳。还有一些她觉得不相干的梦,实际上却和这个反复出现的梦有着内在联系。例如,一次拍完照后,她梦见自己同时看见了赫尔果兰岛的上岛和下岛;海上行驶着一艘船,船上坐着两位她年轻时的朋友……

可以肯定的是,杜拉在治疗中重现的梦,即便显性梦境没有发生改变,也必然具有了新的意义。它的梦意,一定与我的治疗出现了联系,也再次体现了她"摆脱危险"的意图。

假如她没有记错的话,在 L 地醒来后,她就已经闻到了烟味。不难发现,她把我之前所说的"无火不生烟"这句话,巧妙地结合到了梦境之中,让这句话成为了与"火"产生关联的决定性因素。另一个最新的诱因,是母亲把餐厅的门锁了起来,从而把哥哥关在了房间里头。这无疑是偶然事件,但它却与 K 先生在 L 地的纠缠产生了联系;发现卧室的房门无法上锁后,她终于下决心离开此地。或许在前几次梦中,哥哥根本没有出现;父亲所说的"两个孩子",在最近的诱因作用下才得以进入梦境。

第二个梦

第一个梦之后没几周,杜拉又做了第二个梦。分析完这个梦后,治疗就中断了。所以,这个梦可能没有上一个梦那么明了,但却如愿证实了我们对患者心理状态的猜想,填补了她的记忆空白,并让我们对她的另一个症状有了更为深入的认识。

以下是她的自述:我去陌生的城市漫步,看到陌生的街道和广场。【后来,她做了一个重要补充:在一个广场上,我看到一座纪念碑。】接着,我走进一座房子,那是我住的地方。我进到房间,在那里看到一封母亲寄来的信。她在信中写道:"由于你不辞而别,我不想告诉你父亲病倒的消息。现在父亲死了,你要愿意【这里又有补充。"愿意"一词后头,有一个问号,也即"愿意?"】

的话，可以回来。"我出发去火车站，问了大概有一百次"火车站在哪儿？"，得到的回答却总是"五分钟"。这时，我看见前面有一片浓密的森林，就走了进去，向一个遇见的男子问路。他对我说：还要两个半小时【第二次复述这个梦时，她又说是"两小时"】。他提议陪我一起走，但我拒绝了，我独自前进。我看到火车站就在我面前，却到不了那儿。在梦中没法前进，自然会心生恐惧。后来，我回到了家。在这之前，我肯定坐过车，但我却什么都不知道。——我走进门房，打听我们住所的位置。女仆过来给我开门，向我汇报说：妈妈和其他人都已经在墓地了。【在下一次治疗中，她又进行了两点补充："我清楚地看见自己走上楼梯。""听完她的汇报，我却一点都不感到悲伤。我走进房间，读起了放在桌上的一本大书。"】对这个梦的解析并非一帆风顺。由于某些和梦境相关的特殊状况，我们的治疗戛然而止，问题也没有彻底解决。正是因此，我记忆中的推理顺序，可能也并非完全准确。我先说说这个梦出现时，我们正在讨论的话题。一段时间以来，杜拉一直就其行为和背后动机之间的关系不断提问。其中一个问题是：在湖边的事情发生之后，为什么我沉默了好几天？第二个问题是：为什么我突然又要把这件事告诉父母呢？K先生的追求为何让她感到受伤，这一点必须得到合理的解释；何况据我观察，K先生也并不认为自己追求杜拉是轻薄之举。在我看来，她让父母知道这件事情，正是受到了病态报复欲的影响。一个正常女孩在遇到这件事情时，总会想办法自行处理。

接下来，我将根据我记忆中略显混乱的顺序，逐一介绍与释梦相关的素材。

她独自在陌生的城市游荡，看到了街道和广场。起初，我猜测这座城市就是B城；杜拉明确否认了这一点，说那是一座她未曾到过的城市。所以我们很容易推测，她的梦境可能取材自她看过的图片或相片。听完我的评论后,她很快就补充说,广场上有一座纪念碑,并很快想到了它的出处。圣诞节期间,她收到了一个从某德国疗养胜地寄来的纪念图册,上面印着当地的城市风光。就在做梦的头天晚上,她还曾把它找出来,展示给来家里做客的亲戚。这本图册放在一个图片盒里,杜拉一开始没找着,就问自己的母亲:那个盒子在哪儿?【在梦中,她问:"火车站在哪儿?"从这两句相似的问话中,我得出了后文的结论。】这本图册中的一张图画,正是有纪念碑的广场。寄这本图册给她的是一个年轻的工程师,她只是在父亲工厂所在地和他有过一面之缘。这个年轻人刚刚去德国工作,希望借此尽快自立门户;他利用每一个机会,使杜拉记着他这个人的存在;不难猜测,如果有朝一日地位有所提升,他肯定会来追求杜拉。但这肯定需要时间,同时也意味着等待。

她梦见自己在陌生的城市里游荡,肯定有多重决定因素。它一方面与日间残念有关。节日期间,一位年轻的表弟来她家做客,她不得不陪他在维也纳城里转转。这一日间残念,其实一点都不重要,只是这位表弟让她想起了自己第一次去德累斯顿短暂游玩的情景。当时,身为外地游客的她四处晃荡,自然也不想错过参观著名的历代大师画廊的机会。另一位与她同行的表弟对德累斯顿还算了解,他主动请缨,想要担任她的向导。但她拒绝了,独自一人去了画廊,在喜爱的图画前驻足观望。在《西斯廷圣母》前,她逗留了两个小时,看得如醉如痴。我问她这幅画究竟为何让她如此着迷,她也给不出确切的答案,最后只说是因为圣母。

显然,这些念头都属于构成梦的材料。其中的一些组成部分,原封不动地出现在了梦中。【拒绝,独自一人,两个小时。】我已经注意到,"图画"是梦意中的一个结合点【画册上的图画——德累斯顿的图画】。"圣母"这个话题,也是我接下来要重点论述的话题。更重要的是,我发现她在梦的前半部分对那名年轻工程师产生了认同。他在陌生的地方游荡,他想要实现一个目标,但却被拖住了后腿,只能耐心等待。如果这些都和那位工程师相关,那他的目标就只能是拥有一个女人,也即杜拉本人。可在梦中,主人公找寻的却是一个"火车站"。但以我们对梦中问题和现实问题之间关系的了解,完全可以用"盒子"来替代"火车站"。盒子和女人之间的关系,就要相近许多了。

她梦见自己问了大概一百次……这又涉及这个梦另一个不太重要的原因。头一天晚上聚会结束后,父亲叫她去取科涅克酒,因为他不喝点科涅克酒就无法入睡。她管母亲要餐柜的钥匙,但母亲当时正忙着跟人说话,没有回答她。最后,她终于失去了耐心,用夸张的语气说:"我都问了你一百遍了,钥匙到底在哪儿?"实际上,她只是反复问了大约5次【在梦境中,"5"这个数字出现在了时间表述中("5分钟")。在论释梦的书中,我曾通过多个例子,展示梦意中出现的数字如何进入梦中。人们往往将它与旧的关系剥离，融入新的关系之中。】钥匙在哪儿？在我看来，这个问题就是"盒子在哪儿？"【参见第一个梦】的男性化翻版。这两个问题，针对的都是生殖器。

在那次亲戚聚会上，有人向父亲敬酒，祝他继续保持身体健康。神情疲惫的父亲，脸上突然抽搐了一下，杜拉瞬间明白他究竟在想什么。这个可怜的病人！谁知道他究竟还有几年的命呢？

这一切，又跟梦中的那封信产生了关联。父亲死了；此前，她不辞而别，离家出走。而杜拉本人也曾给父母写过诀别信，至少是故意让父母看到了这封信。在她提到梦中的信时，我立即提醒她注意两者之间的关联。杜拉写那封信的目的，是敦促父亲离开K先生，或是在他无动于衷时，对他施行报复。现在我们涉及到了两个话题：她的死亡和父亲的死亡。【后来她还梦到了墓地。】我们推测，梦中的场景是对父亲的报复幻想。我们是不是搞错了什么东西?杜拉几天前对父亲的怜悯,其实印证了我们的看法。她的幻想其实是这样的:她离家出走,流浪他乡,害得父亲愁眉不展,盼她归来,一直等到心碎。这样一来,她就实现了复仇的目的。她其实很清楚,那个不喝点科涅克酒就睡不着觉的父亲,现在最需要什么。【性满足是最好的催眠剂,失眠往往是欲求不满的结果。父亲之所以睡不着,是因为没能和心爱的女子交欢。参见下文"我跟自己的妻子貌合神离"。】我们先记住报复欲这一新出现的元素。在综合梦的思想时,我们还会遇到它。

那封信的内容,肯定还有其他决定因素。那句"你要愿意的话",又是从何而来的呢?

这时,她补充说,在这句话后头还有一个问号。接着,她记起了这句话来自K夫人邀请他们去湖边的L地做客的那封信。在那封信中,"你要愿意的话"一句后头正有一个问号,放在句子中间极为醒目。

于是，我们又回到了湖边的那一幕以及与此相关的谜团。我请她详细描述当时的场景。起初，她没有说出什么新内容。K先生才认真地说了没几句，她就打断了谈话。明白K先生的意图后，她马上给了他一记耳光，随后逃之夭夭。我想知道他究竟说了什么，杜拉却只记得他的理由："您知道，我跟自己的妻子貌合神离。"【这句话将引领我们揭开谜团。】为了不和K先生再碰面，她决定绕着湖走回L地。路上碰见一位男子，她便问他路还有多远。在听说还要"两个半小时"后，她放弃了走回去的打算，回到船上。不久，船就开了。K先生也在船上。他走到杜拉身边向她道歉，并请求她不要把事情说出去。对此，杜拉不置可否。——没错，梦中的森林和这件事发生的湖畔森林很像。头一天，她还在一个分离派画展上，在一幅油画中见过同样茂密的森林。在那幅画的背景中，她还看到了仙女。这已经是"图画（Bild）"一词第三次出现，【前两次分别是"市景（Stadtbild）"和"德累斯顿的画廊"。但这次它的作用要重要许多。画面中的内容（森林，仙女）和荡妇（Weibsbild，字面意思是"女性的画面"）产生了联系。】

这时，我的一点怀疑得到了证实。火车站（Bahnhof）【顺便说一句，火车站是为"交通（Verkehr，也有性交的意思）"服务的，这是许多人患上铁路恐惧症的本质原因】和墓地（Friedhof），已经足以让我联想到女性生殖器。它们让敏感的我联想到了另一个类似结构的词——前庭（Vorhof）。这是一个在解剖学上形容女性生殖器特殊区域的术语。不过，这也可能只是可笑的谬误。但加上"密林"背后的"仙女"，一切就不容置疑了。这就是一幅颇具象征意味的性地理图！医生们都很清楚，"仙女"指的正是隐藏在"密林"（阴毛）后的小阴唇。外行人可能不知道这一点，就连许多医生也不太用这个词。但会使用"前庭"和"小阴唇"这类术语的人，肯定是从书本里学来了这些知识，而且肯定不是大众读物，而是解剖学教科书或百科全书。它们也是许多好奇的青少年的性知识来源。如果我的解析无误，那在这个梦开头场景的背后，其实隐藏着破身的幻想，即男人努力进入女性生殖器的画面。【破身的幻想，是这一场景第二个组成部分。她强调自己在梦中前进困难，感到恐惧，其实是在炫耀自己的处女之身。《西斯廷圣母》的出现，也是为了暗示这一点，圣母玛利亚生下耶稣，但仍是处女之身。这种性思想，在潜意识中促使她对那位远在德国的潜在追求者想入非非。此前我们已发现，报复的幻想是这一场景的第一个组成部分。这两部分内容并不完全重合，只是部分一致。稍后，我们还将发现更为重要的第三种思想。】

我把我的结论告诉了杜拉。这肯定让她颇为震撼，因为她很快就想起了一段被遗忘的梦：她镇静地【另一次，她的用词是"一点都不感到悲伤"（参见前文）。这个梦，也再次印证了我在《梦的解析》中所主张的观点:对于理解梦来说,起初被遗忘、后来又被回忆起来的梦境片段,往往是最重要的。在那里,我还得出了另一个结论:梦之所以会被遗忘,也是因为内心存在抵触情绪。】走进房间,读起了放在桌上的一本大书。我把追问的重点,放在了"镇静"一词和书的大小上。我问:那本书是像百科全书那么大吗?她承认了这一点。

不过,孩子们从百科全书中偷读禁忌的内容,必然不会表现得十分镇静。他们肯定心惊胆战,时不时要回过头看有没有人来。对于实施这一行为,父母是最大的阻碍。但梦具有满足愿望的力量,它大幅改善了不佳的阅读条件。父亲死了,其他人都去了墓地,她可以镇静地看自己想读的内容。这不正说明,她的报复其实也是在反抗父母的压迫吗?如果父亲死了,那她就可以随心所欲地阅读和恋爱。她起初不愿承认自己曾读过百科全书,后来总算想了起来,但又说自己读的都是无害的内容。在那位深受她喜爱的姑母病重时,她决定去维也纳看望她。就在这时,她接到另一位叔叔的来信,说他们一家没法一同前往,因为他们家的一个孩子,也就是杜拉的表弟得了盲肠炎,病情危急。于是,她就去百科全书里查盲肠炎的症状究竟有哪些。她还记得,自己当时还读过腹部有哪些典型疼痛。

这时我想起来,在那位姑母去世后不久,杜拉曾在维也纳生过病,她自称是得了盲肠炎。此前,我一直不敢把这病和歇斯底里症联系在一起。她说,自己在患病的前几天一直高烧不退,下身的疼痛感就跟书上读到的盲肠炎症状一模一样。医生让她冷敷,但她却无法忍受这种疗法。第二天,自患病以来就一直不规律的月经突然伴随着剧烈的疼痛出现了。当时,她还一直饱受便秘之苦。

这种状态,显然不能被当成纯粹的歇斯底里症状。虽然歇斯底里症的确会引起发烧,但如果把这一可疑病症中的发烧算到歇斯底里症头上,而不是找寻背后起作用的机体原因,那未免也太过武断了。就在我快要放弃这条线索时,她倒是帮忙为这个梦做了最后一点补充:她清楚地看见自己走上楼梯。

我当然要求她对此作出解释。她漫不经心地解释说,她家住在楼上,所以上楼梯是很正常的事情。但我很容易就驳回了她的话,因为她既然在梦里可以跳过乘车环节,从一座陌生的城市来到维也纳,那现在也可以跳过上楼这一动作。于是,她继续说,在那次患盲肠炎后,她一直步行困难,因为她的右脚跛了。这种情况持续了很久,所以她一直尽量避免上楼梯。直到现在,她的腿也会时不时地变跛。父亲让她去咨询医生,可医生们也对这种罕见的盲肠炎后遗症不知所措。何况腹痛再没有出现,也没有伴随跛脚复发。【在被称为卵巢神经痛的腹部疼痛和同侧腿的行走障碍之间,的确存在身体关联。在杜拉身上,她又有了特殊的解释,也即得到了心理因素的加持。亦参见我对杜拉咳嗽及其与黏膜炎和食欲不振之间关系的分析。】这是如假包换的歇斯底里症表现。虽然当时的高烧可能是机体因素、也即感染常见的流行性感冒所致,但神经质利用了这一偶然因素,让它为自己服务。杜拉从书中读到了这一疾病,又安排自己产生了这一疾病,以此作为对自己的惩罚。她告诉自己,这种惩罚绝不是因为读了无害的文章,而是因为她的关注点发生了转移,在读过无害的文章后,她又读了充满罪恶的文章。在她的记忆里,这种罪恶的文章就隐藏在无害的文章之后。【许多症状看似与性无关,实际上却存在关联。这就是一个典型的例子。】或许,我们还应该好好研究一下她究竟读了与哪些话题相关的文章。

那她为何要模仿盲肠炎呢?跛足这一后遗症,显然和盲肠炎无关,而和症状神秘的性意味有着更强的关联。弄清这一点,或许将帮助我们找到症状背后的意义。我试图接近这个秘密。梦中有时间出现,对于发生在生物身上的一切事情来说,时间都不是可有可无的因素。于是我问,盲肠炎究竟是什么时候出现的,是在湖边的那件事前还是事后。她当即作出回答,这个答案一举解开了谜团:盲肠炎出现在九个月后。这个时间很有意思。所谓的盲肠炎,只不过是为了让患者感到腹痛,引发了她的月经,从而实现其妊娠的幻想。【我早就说过,大多数歇斯底里症状在达到一定程度时,会表现为对性生活的幻想,如性交、怀孕、分娩和坐月子等。】杜拉显然清楚九个月意味着什么,也不否认当时在百科全书中读到了与怀孕和生产相关的内容。那跛脚又是怎么一回事呢?这一点我只能尝试着去猜测。扭伤了脚的人,才会跛着脚走路。只有当她在湖边失足了,才会在九个月后生下孩子。但是,这一观点成立还需满足一个前提条件。我坚持认为,只有在幼年时有过类似的经历,才会出现这样的症状。从我目前所获得的经验来看,后来获得的印象即便进入记忆之中,也不具备引发症状的能力。我几乎无法指望她给我提供相应的童年素材,因为实际上，我还不敢把之前这番话当作放之四海而皆准的道理。但是，我的理论很快得到了印证。杜拉小时候的确跛过脚，当时她在 B 城，下楼梯时滑了一跤。而且她摔伤的正是右脚，脚肿了起来，不得不缠上绷带，她也卧床好几个星期。这一切发生在她 8 岁的时候，就在神经性哮喘发作前不久。

这下，我们算是找到了幻想的证据："如果您在湖边那件事发生后的九个月里，的确生过孩子，并承担了失足的一切后果，那您肯定会在潜意识中为那件事感到悔恨。于是，您就在潜意识里对那件事的后续发展做了修正。您妊娠幻想的前提，就是当时发生了什么【破身的幻想显然针对的是 K 先生。于是我们明白，为何这部分梦境会取材于湖边的场景（拒绝，两个半小时，森林，去 L 地的邀请）】，让您经历了后来在百科全书中读到的那一切。您看，您对 K 先生的爱，其实并未在当时终结。正如我所说的那样，直到今天，您依然爱着K先生——只不过这一切都发生在潜意识之中。"她不再反对我的说法。【我要再对之前的分析作些补充:"圣母"显然是杜拉自己,一是因为有"爱慕者"送她图册;二是因为她对K先生的孩子表现出慈母般的关爱,才赢得了他的喜爱;三是因为她作为女孩,已经有过一个孩子,这也与她的分娩幻想直接相关。如果一个女孩像杜拉那样,在性方面害怕被人指责,那"圣母"就是对此最好的回应。我第一次遇到这种情况时,还在精神病医院当医生。当时我遇到一个案例,患者精神错乱,伴有幻觉,病情迅速恶化。后来我们发现,患者正是以这种方式,回应其未婚夫的指责。

假如我们将研究继续深入下去,或许会发现,母亲对孩子的渴望,虽然有些模糊不清,却是引发杜拉这一系列行动的强大动机。她近来研究的问题,都是为了满足对性的好奇。为此,她在百科全书中寻找答案。不难猜测,她肯定读了与怀孕、分娩、处女等话题相关的章节。其中一个问题，原本属于梦的第二个场景，但她在复述梦境时却将它遗忘了。这个问题就是：某某先生是住在这儿吗？或者：某某先生住在哪里？她已经将向门房打听的场景纳入了梦中，却偏偏忘记了这个看上去无害的问题，这其中定有蹊跷。我认为，个中原因就是她的姓氏，这个姓氏也有多重含义，可以说是一个多义词。[1] 遗憾的是，我不能透露患者的姓氏，也就无法向读者展示它如何得到巧妙的运用，以实现"一语双关"和"有伤风化"的效果。梦境中涉及到姑母之死的素材，可以从侧面佐证我的解析："他们已经去墓地了"一句，正好影射了姑母的名字。这个有伤风化的词，恰恰说明她是杜拉从别的地方听来的，因为字典上不可能有这个词。如果说谣言中伤杜拉的K夫人就是信息来源，我也丝

---

[1] 杜拉的原名是伊达·鲍尔（Ida Bauer），其中她的姓氏"Bauer"一词，在德语中有农民、蠢货、粗人等多种意思，并可以追溯到古高地德语中的"giburo"一词，该词意为"同居者"。

毫不会感到奇怪。杜拉不择手段地报复其他人,却唯独对 K 夫人宽容大度,在一系列复杂的情感转移背后,我们可以发现一个简单的因素,那就是她内心深处对 K 夫人的同性之爱。】

解析第二个梦,花了足足两个小时。这场谈话结束后,我对取得的成果表示满意,可她却不屑地说:"您都发现什么了?"这促使我探寻更多的奥秘。

第三次治疗开始时,她这样说:"您知道吗,博士先生,今天是我最后一次来看病了。"

"我对此一无所知,因为您从没跟我提过这一点。"

"没错,我打算坚持到新年【当时是 12 月 31 日】到来。再这么下去,我就对痊愈不抱希望了。"

"您知道,您随时都有结束治疗的自由。但我们今天还是要干活的。您是什么时候做出这个决定的呢?"

"我想,是在 14 天前。"

"这听起来,就像一个女仆或者家庭女教师的做法,提前14天解约。"

"在我去湖边的L地拜访K先生一家时,他家就有一个家庭女教师刚刚宣布辞职。"

"真的吗?我可从没听您说过她。来,说说吧!"

"K先生给他的孩子们请了个家庭女教师。是个年轻姑娘,在主人面前表现得很奇怪。她不跟他打招呼,不回答他的问话,他让她把桌上的东西递给他,她也装作没听见。总之,她就当他是空气。K先生对她的态度也好不到哪儿去。在那件事发生前一两天,那个女教师把我叫到一边,说要告诉我什么事情。她说,有一次K夫人好几个星期不在家,K先生接近她,对她百般示好,叫她从了他。他还说,自己和太太貌合神离……"

"他在追求您时,也用了这套说辞。所以您给了他一记耳光。"

"没错,她屈从于他,但没过多久,他就对她没了兴趣。从此,她对他恨之入骨。"

"所以这位家庭女教师选择了辞职?"

"没有,她想辞职。她说,在感觉被抛弃后没多久,她就把整件事情告诉了自己的父母。他们住在德国某个地方,作风正派。他们要求她立即离开 K 先生家,见她不肯这么做,就写信与她断交,不许她再回家。"

"那她为什么不肯离开呢?"

"她说,自己想再等等,看看 K 先生会不会改变态度。这样的日子,她是过不下去了。如果她看不到变化,就会辞职走人。"

"那她后来怎么样了呢?"

"我只知道她辞职了。"

"她没因为这次风波生下孩子吧?"

"没有。"

这一次,在分析过程中又出现了有助于解决旧问题的事实素材。这类情况其实经常出现。现在我可以对杜拉说:"我知道您为何要用一记耳光回应 K 先生的追求了。您不是因为他的无理要求而感到懊恼,而是因为嫉妒在报复他。当那位女教师跟您说她的事情时,您还可以用您擅长的方法,把与您感觉不符的事情撇到一边。但当K先生亲口对您说出那句'我和我太太貌合神离'后,您的心中产生了新的冲动,也彻底失去了平衡。因为K先生也对那位女士说过这句话。您对自己说:'他竟敢像对待家庭女教师,也就是对待一位佣人那样对待我?'这一对您自尊的伤害,再加上您的嫉妒心和意识中产生的一些冲动——这些终于让您彻底崩溃。【杜拉可能和我一样,也从父亲口中听过这句话,并大概明白它的意思。这必然会对她产生举足轻重的影响。】为了证明那位家庭女教师的经历对您造成的深远影响,我将指明您如何在梦中和行为举止中对她产生认同。此前我们没弄明白您为何要把一切告诉父母,其实您是在效仿那位女教师。您像一位家庭女教师一样,提前14天和我解约。梦中那封允许您回家的信,则恰恰和那位女士父母禁止其回家的信相反。"

"那我为什么没在事后马上告诉父母呢?"

"那您等了多久呢?"

"这件事发生在6月的最后一天;我是7月14号告诉母亲这件事的。"

"又是相隔14天,这是服务人员常见的解约期限!现在我可以回答您的问题了。您其实很理解那个可怜的女孩。她不想马上离开,是希望K先生回心转意,重新对她以诚相待。这也是您不马上告诉父母的原因。您想等一段时间,看他会不会重新来追求您。假如他真的那么做,那至少您能看出他有真心实意,而不是像对待那位家庭女教师一样随便玩弄您的感情。"

"我离开的几天后,他又给我寄了一张明信片。"

【这又跟那位年轻工程师给杜拉寄图画册产生了联系。那位年轻人,其实一直隐藏在第一个梦境中杜拉的自我之后。】

"没错,但他后来再也没有表示,所以您才开始大举报复他。我甚至可以认为,您这么做还有另一个目的,就是用您的控诉逼迫他来找您。"

"……就像他一开始建议的那样。"她插话说。

"如果他真的来了,或许就满足了您对他的殷切希望。"说到这儿,她竟然点头承认,这完全出乎我的意料。

"他原本可以像您所要求的那样,给您赔罪。"

"怎么赔罪?"

"我开始发现,您对K先生动了真情。到目前为止,您只表现出其中的冰山一角;其实,您对他的感情还要深许多。K先生和K夫人之间不是一直在闹离婚吗?"

"没错。一开始是K夫人为孩子考虑,不愿意离婚。现在她愿意了,可K先生却不干了。"

"您就没想过他可能会和太太离婚并娶您为妻吗?他现在不愿意离婚,可能就是没有找到替代者啊!当然,两年前您还很小。但您自己不也说,您母亲17岁订婚，后来又等了两年才和丈夫完婚。通常，母亲的爱情故事都是女儿的榜样。所以，您也想这么等着K先生，而且您以为他是在等您长大，成熟到可以做他的妻子。【在第一个梦境中，也有实现目标前一直等待的场景。在杜拉等待成为新娘的幻想中，我看到了梦的第三个组成部分。这一点，我在上文已经埋下过伏笔。】我想，这原本正是您严肃的人生规划的一部分。K先生可能真有那样的打算，对此您无法否认。您对他的描述，往往也指向这种可能。【尤其是去年他们在B城一道过圣诞节时，K先生送了她一个信件盒作为礼物，还对她说了一番表达此意的话。】他在L地的举动，也与之相符。您没让K先生把话说完，所以也不清楚他究竟想说什么。而且，这个计划也并非不可能实现。您一直为父亲和K夫人的交往提供便利，也是为了保证K夫人同意离婚；而在父亲那里，您简直说一不二。如果您在L地受到的诱惑以另一种结局告终，那么您和K先生结合，或许就是唯一能让各方满意的解决方案了。我认为，正是因为对事情的结局抱有遗憾，您才在患盲肠炎的幻想中，对事态发展做出了修正。您的控诉，不但没能让K先生继续追求您，反而招致他的否认和诽谤，这或许让您颇为失望。您也承认，没有比被认为湖边的场景只是幻想更气人的事情。现在我知道，您的确产生过幻想，误以为K先生的追求是认真的，以为在你嫁给他之前，他绝不会放弃。这一切，恐怕是您不想记起的事情。"

她一直侧耳倾听，却没有像往常那样反驳我的话。她似乎被我的话感动了，以最亲切的方式和我道别，热情地祝我新年快乐，之后就再没来过。倒是他父亲还来拜访过我几次，向我保证她会回来找我，还说能看出她渴望继续接受治疗。但他可能并没有说实话。他支持我对杜拉的治疗，是因为他希望我能说服杜拉，让她相信他和K夫人只是朋友关系。在发现我并无此意后，他的热情也就所剩无几了。我知道，杜拉是不会回来了。

就在我踌躇满志地认为治疗可以顺利终结时,她突然不辞而别,让我的希望宣告破灭,这无疑是她的报复行径。在这个过程中,她自我伤害的倾向也得到了满足。像我这种唤醒人们心中尚未受到很好限制的恶魔并与它搏斗的人,必须做好在这场战斗中不能全身而退的准备。假如我换一个角色,夸大她留下对我的意义,对她表现出浓厚的兴趣,并不顾我是一个医生,成为其柔情的替代作用对象,是否能让她留下来继续接受治疗?我不知道。由于一部分以抵抗面目现身的因素,是我们所未知的,所以我一直避免扮演某个角色,仅满足于在治疗中运用一些简单的心理技术。虽然我有着浓厚的理论兴趣,也一心想履行医生救死扶伤的职责,但我依然认为,必须限制医生对患者施加心理影响,并尊重患者本人的意志和认识。

杜拉给K先生那一记耳光,绝不是要拒绝他,而是嫉妒心一时作祟。对K先生的好感,才是她心底里最为强烈的愿望。我不知道如果把这些透露给K先生，他会不会做得更好。如果他能不顾最初的拒绝，以令人信服的诚恳态度继续追求杜拉，或许很容易就能收获成功，使杜拉克服一切困难倾心于他。但是，杜拉也同样易受刺激，这么做说不定会激起她的报复欲，让她变本加厉地对他进行报复。这两种动机相互争执，最后哪一方会取得胜利，压抑作用会被消除还是加强，我们无法估测。

无法满足真实的爱情需求，是神经症的一大基本特征；现实和幻想的冲突，主宰了患者的内心世界。如果幻想中孜孜以求的东西在现实中被摆到他们面前，他们反倒会仓皇而逃；他们更愿意耽于幻想，因为在幻想中，他们无须担心一切成为现实。但是，在强烈现实刺激的冲击下，压抑作用所建立的屏障依然能被拆除，现实也可以战胜神经症。但谁可以治愈精神症，又有哪些手段可供使用，目前尚无法一概而论。

【我们无法完全理解这个梦,也无法把其中的内容综合到一起。尽管如此,我还是要就这个梦的结构说上几句。在这个梦的前半段,报复父亲的幻想是最为突出的主题:她离家出走;父亲生病,病重不治……她回到家,其他人已经去墓地了。她一点都没感到悲伤,走到自己房间里镇静地读起了百科全书。其中两处内容(母亲的来信,那位被她视作榜样的姑母的葬礼),又暗指她实际执行的报复行动,也即让父母找到她的诀别信。在这类幻想的背后,其实是报复K先生的念头。而她在我面前的表现,正是在给这种报复念头寻找出路。女仆、邀请、树林、两个半小时,所有这些素材都发生在L地。对那个家庭女教师及其与父母通信的回忆,也跟她本人的诀别信一样,与梦中那封允许她回家的信件不无关系。她拒绝陪伴,决定独自前行,或许是想表达这个意思:既然你像对待女仆一样对我,那我就撇下你走自己的路,不结婚了。但在另一些地方,她对K先生的爱丝毫未减,反倒在报复思想的掩护下形成了充满柔情的幻想:我会等你,直到你娶我为妻——破身——分娩。第四种思想隐藏得最深,那就是对K夫人的同性之爱。她从一个男性的视角,叙述了破身的幻想(她对那位在国外的追求者产生了认同);另外,梦境中有两句话显然一语双关(某某先生住在这儿吗?),也暗示她的性知识并非从别人口中听来(来自百科全书)。残暴和施虐的倾向,在这个梦中得到了满足。】

后记

虽然我已说过这篇文章只是一个分析片段,但它在许多方面的不完整程度,甚至远超标题带给人的预想。文中的遗漏并非偶然,所以在这里,我确有必要说明其背后的动机。

文中略去了一些分析结果,因为到工作中止时,它们要么尚未得到充分论证,要么还有待进一步延伸,直至得出普遍的结论。但在条件允许的情况下,我也会尽可能地指出,每一个结论还能如何进一步延伸。对原材料(患者所想的内容)进行提纯,从中滤出宝贵的潜意识思想,并非一件理所当然的事情,它需要特定的技法。但在本书中,我完全略过了这一部分内容。这样做的弊端,是读者无法通过我的论述,验证我分析的正确性。但我认为,要在一篇文章中同时论述精神分析的技法和一个歇斯底里症案例的内在结构，是完全行不通的。这对我而言是强人所难，也会让读者感到索然无味。精神分析技法需要专门的介绍，这一过程必然要借助众多情况各异的例子，而不是从个案中推导出结论。同时，描述心理现象需要许多心理知识作为前提，但我在文中也没有逐一说明这些内容。这是因为草草解释几句对解决问题毫无帮助，而详细的解释足以另成一篇。我只能保证，我的研究与任何一个心理体系无关，它直接从在心理神经症患者身上观察到的现象入手，并不断进行观点修正，直到我认为它可以解释观察到的现象为止。我并不会为避免臆测沾沾自喜，但支撑这一假说的素材，的确都来自广泛而持久的观察。我在潜意识问题上的立场，很容易引发异议，因为我倾向于把潜意识的念头、思想、冲动和一切意识内容放在同等位置，将它们视作心理学确凿的研究对象。但我确信，谁若用同样的方法研究过这一现象领域，必然会不顾哲学家的警告，和我站在同一个阵营。

有些同行专家认为,我的歇斯底里症理论是纯心理学的,注定无法解决病理问题。这篇文章或许会让他们明白,他们对我横加指责,是因为误把技法的一个特征当成了理论的全部。只有治疗技法是纯心理学的,我的理论一直和神经症的机体特质相联系,虽然它的确没有从病理和解剖学的角度去探寻这一变化,而是用机体功能暂时替代了目前尚不得而知的化学变化。没人可以否认,我所强调的性功能,具有机体因素的特征;而我也把它当作引发歇斯底里症乃至一切心理神经症的重要原因。据我猜测,任何一种关于性生活的理论,都必然会假设一种特定的、引起兴奋的性物质的存在。在临床所见的各类病症中,慢性有毒物质所引发的中毒和禁欲现象,与一般的心理神经症表现最为相似。

在本文中,我也没有提到"身体的迎合"、婴儿期性倒错的雏形、易受刺激区域和双性体质等时下热议的问题。只有当分析过程涉及症状的机体基础时，我才会强调它的重要性。仅从这一个孤例中，我们说明不了更多的内容。而且正如上文所说的那样，我不想草草解释几句，就对这些因素妄下结论。我们可以看到，基于众多案例分析的深入研究，在未来大有可为。

借助这篇不算完整的文章，我想实现两个目标。首先，我想以它作为《梦的解析》一书的补充，展示这一"无用之学"如何揭示精神生活中受到压抑的隐秘；在分析文中的两个梦时，我们用到了与精神分析类似的释梦技法。其次，我想借此吸引人们重视一些尚未被科学界注意到的情况。因为只有借助特定的技法，才能发现它们的存在。对于歇斯底里症复杂的心理过程，不同冲动的共生，矛盾情感的相互联系以及压抑作用和转移作用，目前还没有人具有正确的认识。加内特（Janet）强调症状中的"执念"，但这无非只是一种苍白的概括。而且我们无法否认一种可能性：一些刺激引发的念头无法进入意识之中,所以相比内容可被意识到的"正常"刺激,它们有着不同的相互影响、结果和表现。明白了这一点,也就不难接受我们的治疗方法:它通过把前一种念头转换成正常的念头,达到消除神经质症状的目的。

我还想证明,性不是突然出现在典型歇斯底里症过程中的"救星",而是每种症状和症状表现的推动力。假如说得直白一些,一切疾病现象都是患者的性行为。一个孤例当然不足以证明一个普遍的道理,但我已经多次重复这句话,因为每次我都能得出同样的结论:性是解决心理神经症问题、乃至所有神经症问题的一把钥匙。拒绝接受它,就永远会被拒之门外。我一直静候那些能驳倒这一结论或对它作出限制的研究出现,但到目前为止,我只是听到一些人对此表示不信或不喜。对于这些人,只需用沙可的一句话作为回应:"随他去吧!"

我在这儿展示的,只是一个案例的病史和治疗过程片段,它无法展示精神分析治疗的所有价值。这不仅是因为这次治疗持续时间较短，不到三个月，另一些内在因素也使得它没有取得应有的成效。而在一般情况下，我们的治疗往往能让患者的病情得到为其本人和亲属所认可的好转，甚至接近痊愈。如果患者的病症完全因与性冲动相关的内在矛盾而起，那我们的治疗就能取得令人欣喜的成果。通过把致病的素材翻译成正常素材，我们成功解除了患者的心理负担，从而使患者的情况大幅好转。但如果症状又为外部动机所利用，那情况就有所不同了。这正是过去两年间发生在杜拉身上的事情。虽然我们的工作取得了不少进展，但患者的病情却没有得到显著改善，这不仅让人吃惊，还相当令人困惑。实际上，情况并没有那么糟糕。症状虽然没有立即消失，但在杜拉和我解除医患关系一段时间后，它的确不见了。病情延缓痊愈或好转，完全是因为医生的个人原因。

为了解释清楚这个问题，我必须多说几句。可以说，在精神分析治疗过程中，新的症状不再出现，但神经症并没有就此停止工作,它开始专注于打造一种特殊的潜意识思想结构,我们将它称为"移情作用"。

什么是移情作用?随着分析治疗的深入,一些冲动和幻想会被唤醒,并进入意识之中。移情作用,就是用医生本人取代原先的作用对象,对这些冲动和幻想进行翻新和重塑的过程。换言之,许多心理经历不再被尘封在过去之中,而是通过与医生本人建立联系,重新活跃了起来。有些移情作用除了更换作用对象,并未在内容上产生任何差别。这就好比是将一本书简单重印,或是在不改变任何内容的情况下将它再版。另一些移情作用更为巧妙,它对内容进行了润色,使它得到了"升华",从而得以进入意识之中;具体的做法,是借助某个精心挑选的特征,和医生本人或其所处的环境建立联系。这就是重新编辑,而不是简单的重印了。

对精神分析的技法有所了解的人应当不难明白,移情作用确有存在的必要。从实践角度看,我们也没有办法让它消失，只能一如既往地对付这一疾病的最后产物。只不过，这一部分工作往往是最困难的。解析梦境、从患者的联想中提取潜意识思想和回忆并将它进行转译，其实都是很容易学会的技法。在这个过程中，患者本人会为我们提供蓝本。而移情作用只能靠我们自己猜测，这既需要进行细致入微的观察，又要避免武断的臆测。但是，移情作用又是无法避免的，因为病人总会用它制造阻碍，阻止把素材用于治疗。何况，只有在移情作用被消除之后，病人才会相信我们所构建的体系。

有人会倾向于认为，我们的方法本就让人不快，移情作用的出现，更是让它雪上加霜。由于这种病态心理产物的出现，医生的工作量成倍增加。他们甚至认为，移情作用的存在，可能会让患者在分析治疗中遭受伤害。这两种说法都是错误的。医生的工作量不会因移情作用而增加，它要帮助患者克服的相关冲动，不管是作用于他本人还是另一个人，对他来说都没有区别。移情作用的出现,绝不会在治疗中对患者提出非分的要求,逼迫他们做不愿意做的事情。神经症也可能在不采用精神分析法的机构中被治愈;还有人说,治疗歇斯底里症靠的不是方法,而是医生;当医生用催眠暗示的方法消除症状时,患者总对医生本人存在盲目的顺从和持久的依赖。以上这些现象,都可以在"移情作用"中找到科学的解释。它常由患者执行,其作用目标是医生本人。精神分析治疗本身并没有创造移情作用,它只是像发现其他精神生活中的隐秘那样,发现了移情作用的存在。区别在于,患者总希望借助亲密而友好的移情作用,治愈自己的病症;如果实际情况并非如此,那他就会尽快摆脱那个不受待见的医生,逃避他的影响。而精神分析则会配合动机的改变,唤醒包括敌意冲动在内的一切冲动,使它们进入意识之中,对它们进行分析,从而消灭移情作用。移情作用原本是精神分析最大的阻碍,但如果能猜到它的内容并让患者意识到它的存在,那它也会成为精神分

析最强有力的辅助工具。【1923年补注：在《移情之爱》一文中，我从技术角度，对本文所介绍的移情作用作了扩展分析。】

我必须提及移情作用，因为唯有借助这一因素，才能解释杜拉一例的特殊性。它的优点是一目了然，这是我将它选为第一个公开发表案例的原因，但这也是它的一大缺陷，并直接导致治疗过早中断。我没能及时控制她的移情作用。她自愿拿出一部分致病素材，供我在治疗中使用；但这一素材中，还暗含着我所不了解的部分；它正是移情作用的最初迹象，可我却没有留意它的存在。起初，因为我和她父亲年纪相仿，所以自然就在她的幻想中替代了父亲的角色。她一直有意识地拿我和父亲作比较，急于知道我是否对她足够坦诚，因为她父亲"总爱拐弯抹角，私藏秘密"。在第一个梦中，她敦促自己像离开K先生家那样放弃治疗。这时候，我原本就应该产生警惕，及时规劝她说："现在，您已经把您的K

先生的感情移到了我的身上。您是不是注意到了什么事情，让您以为我也有相同或类似的企图？还是说，您在我身上注意到了什么，或是我在哪方面像从前的K先生那样，引起了您的好感？"这样一来，她或许就会把注意力集中到我们交往的细节、我本人或我的个人情况上来。在它们背后，肯定隐藏着某件类似的、但却更为重要的事物，它一定和K先生相关。通过消除这一移情作用，我们原本可以接触到新的回忆素材——或许这才是杜拉真正的回忆。但我却忽视了这一最初的预警，见更高层级的移情作用尚未出现，分析的素材也源源不断出现，就误以为来日方长。所以，后来我被她的移情作用吓了一跳：因为我身上的某个特征让她联想到了K先生，她就开始像报复K先生那样，开始对我进行报复；她觉得自己受到了K先生的愚弄和抛弃，就索性抛弃了我。就这样，她将很大一部分回忆和幻想付诸行动，而不是在治疗中将它们再现。让她联想到K先生的特征究竟是什么，我不得而知；我猜测，这可能和钱有关，否则就是出于对另一位患者的嫉妒。那位女患者在痊愈之后，依然和我全家保持密切的往来。如果我们把移情作用较早地纳入分析范围，必然会延缓分析的进程，从而对它造成阻碍。但移情作用的存在，也可以更好地防备患者突然作出令人无法招架的抵抗行为。

第二个梦在好几个地方明显暗示了杜拉的移情作用。在她给我复述梦境时，我还没有意识到这些。直到两天后，我才恍然大悟：她留给我的时间只剩下两个小时了。这正是她在《西斯廷圣母》这幅画前停留的时间，也是她在湖边要走回住所原本所需要的时间。【她曾纠正说，那是两个小时，而不是两个半小时。】梦中的追求和等待，虽然与那位远在德国的年轻人相关，但其原型是等K先生来娶她为妻。几天前，这一点已经在她的移情作用中有所显现：她抱怨治疗旷日持久，让人失去耐心。而在治疗开始的前几个星期，我曾对她说痊愈需要一年,也未见她提出反对。她在梦中拒绝他人陪伴,去德累斯顿画廊时也坚持独来独往——这些内容,当时就该引起我的警惕。它们或许是在说:既然所有男人都那么丑恶,那我宁愿以终身不嫁作为报复。【距治疗结束越久,我就越觉得自己是在以下这方面犯下了技术错误:对K夫人的同性之爱,才是杜拉精神生活中最为强烈的潜意识情感。但我却没能及时猜出这一点,并将它告诉患者。我早该猜到,杜拉性知识的主要来源不是别人,正是K夫人。而恰恰是这个人,回过头来指责她对性过于着迷。她知道那么多有伤风化的事情,却不想说出这些知识的来源,这实在是欲盖弥彰。我本应当从这个谜团入手,探寻这一不同寻常的压抑作用背后的动机。第二个梦,原本可以给我透露答案。她在梦中不择手段的报复,正是为了掩盖矛盾的情感。实际上,她大方地原谅了K夫人的背叛,也隐瞒了从她儿获得性启蒙的事实。正是K夫人告诉她的知识,使人们对她产生了怀疑。从前,我经常在治疗过程中陷入僵局,或是彻底感到迷惘,直到我认识到同性恋情感对心理神经症患者的意义,才有所改观。】

这种残酷的冲动和报复的动机,早已在生活中起到维持症状的作用。在治疗过程中,它们被转移到了医生身上,而后者却没能及时追溯到它的来源,将它们从自己身上引开。这样一来,治疗的努力没能影响患者的病情,也就不足为怪了。相比用亲身经历证明医生的无知和无能,还有什么更能让患者更好地为自己报仇呢?尽管如此,我依然倾向于认为:即便像杜拉一例这样的零碎治疗,也具有很高的存在价值。

在治疗结束五个季度、这篇论文也早已撰写完成之后,我又获悉了杜拉的境况,并得知了治疗的效果。在一个特殊的日子【4月1日】里——要知道,时间在杜拉那儿从来不会毫无意义——她又出现在了我面前,打算为她的故事做一个了结,并再次请求我的帮助。我从她的神情中看出，她其实并不是真在向我求助。她说，在治疗结束后的四五周时间里，她的生活简直"乱作一团"。接着，情况突然峰回路转，发病次数越来越少，她的情绪也得到了提振。去年五月，K夫妇一个体弱多病的孩子不幸离世。她借着这个机会上门吊唁，K夫妇像往常一样接待了她，仿佛过去三年什么都没发生。她一面与K夫妇言归于好，一面对他们进行报复，并以自认为满意的方式对事情作了了结。她对K夫人说："我知道你曾跟父亲有过一腿。"对此，K夫人没有否认。她还迫使K先生承认湖边的那一幕确有其事，并把这个消息带给自己的父亲，以此为自己正名。此后，她再没跟这家人有过往来。

她一度过得很好，直到在十月中旬前后失声症复发，这一病症持续了6周之久。这个消息让我颇为诧异，于是我问，疾病的发作是否存在诱因。她说，这次发病是因极度受惊而起。她承认，自己看到有人被车碾过。最后她才不情愿地说出,遭此不幸的人正是K先生。一天,她在街上偶遇K先生。他从一个交通繁忙的路段迎面走来,见到她后一时愣在原地出了神,谁知就被车给撞倒了。【我曾在《日常生活的心理病理学》一书中,提到间接的自杀尝试。这个例子,就是一个有趣的补充。】她努力使自己相信,K先生的伤情并不太重。听到别人谈论父亲和K夫人的关系,她还是会感到有些异样,但除此之外,她不再干涉这两人的关系。她专心做着自己的研究,也从来没动过结婚的念头。

她曾因右脸神经痛向我求助,并说自己日夜受此困扰。我问她这是从什么时候开始的,她回答:"就在两星期【我在分析第二个梦时,曾阐释过这一时间间隔的意义以及它和复仇主题的关系。参见前文】前。"——我笑了,因为我可以证明,她一定是在两个星期前在报上读到了对我的报道。她也承认了这一点。【当时是1902年。】

她的面部神经痛，其实是一种自我惩罚。她为给K先生一记耳光感到后悔，也自责不该对我进行报复。我不知道她到底想在我这儿寻求怎样的帮助，但尽管她当时没有给我帮她彻底摆脱痛苦的机会，我还是答应原谅她。

这次相见后，又过了好几年。后来，这个女孩结婚了。假如我没有被各种表象所蒙蔽，她的丈夫就是那个她在第二个梦开头联想到的年轻人。

如果说，第一个梦象征着她离开所爱的男子，投入父亲的怀抱【也即逃离生活，拥抱疾病】，那么第二个梦则代表她离开父亲，回归生活。

(全书完)

西格蒙德·弗洛伊德 | Sigmund Freud

1856年5月6日
生于奥匈帝国摩拉维亚省（今捷克东部）犹太商人家庭

1873年（17岁）
考入维也纳大学医学院

1881年（25岁）
获医学博士学位，进入维也纳综合医院工作。两年后转入精神科并担任负责人

1885年（29岁）
赴巴黎系统深造精神疾病的治疗，正式迈入该领域

1900年（44岁）
出版《梦的解析》，精神分析法正式建立

1902年（46岁）
受聘维也纳大学教授，开始在家中举办"星期三心理学俱乐部"，参与者包括阿德勒、荣格等

1905年（49岁）
出版《性学三论》

1910年(54岁)
组织创立"国际精神分析协会"(IPA),首任主席为荣格

1915—1916年
于维也纳大学开设精神分析课程,讲稿集结为《精神分析引论》出版

1919年(63岁)
在维也纳创办"国际精神分析出版公司",专事心理学相关书籍的出版

1930年(74岁)
获"歌德奖"殊荣,因健康原因,由女儿安娜.弗洛伊德代为出席授奖仪式

1936年(80岁)
当选英国皇家学会会员

1938年(82岁)
因纳粹德国入侵奥地利,被迫辗转迁居英国

1939年9月23日
逝于英国伦敦,时年83岁